法国蓝带
经典法餐烹饪宝典

法国蓝带厨艺学院　编

李汝敏　译

U0312774

中国轻工业出版社

前言

法国料理深受艺术的洗礼，艺术气息早已融入其细微之处。但追根溯源，不难发现当今的法国料理中依然留存着传统地方料理的影子。

在法国，Terroir 一词词意丰富，有当地的气候、土壤、自然等多种含义。"风土"是最为合适的定义，具有多种解释。在葡萄酒界，这一词语主要用于表示影响葡萄酒生产的地势特征等地理因素。

然而，对于法国蓝带厨艺学院的主厨来说，料理界的"风土"是凝聚了几个世纪的历史和传统的产物，它是法国各地料理起源的核心。

法国人世世代代都接受了关于如何继承"风土"的教导，并将其深藏于心。同时，"风土"又常常被当地的手工业者、农民以及厨师传承并再现，得以保留至今。

法国蓝带厨艺学院作为法国料理大使，向读者们悉心介绍法国各地的本土料理，如果能将法国"风土"的神奇魅力传播至全世界的话，我们将不胜欣喜。

希望读者能够在阅读本书的同时，领略到法国 22 个地区的风土人情，并且进一步了解各地有名的料理、葡萄酒、奶酪以及独特魅力。

法国蓝带厨艺学院日本分校

目录

本书使用说明

- 汤匙容量为 15 毫升，茶匙容量为 5 毫升。
- 未标注脂肪含量时，默认使用脂肪含量为 40% 的生奶油。
- 料理中所用黄油为无盐黄油。
- 使用小麦粉且未作特别说明时，默认使用低筋面粉。
- 未特别标注盐、胡椒粉、油等食用量时，可随具体情况决定。
- 食材大小、加热时间、烤箱温度可随厨房条件、热源、加热工具的种类、食材状态等情况适度调整。
- 本书所使用的法语料理方法，可参照第 228 页相关内容。
- 食材表中部分料理用量与图片显示有差别。

法国区划

本书依照法国蓝带厨艺学院的定义，以法国行政区划和美食区划将法国划分为22个地区。

*法国的省、市、镇、村编码由五位数字组成，前两位数字为各省编码，各省编码依照首字母排序，因此相邻省份的编码有可能不相连。后三位数字表示市或地区等。这五位数字标在法国的食物标签上，只需查看标签，食物的产区便一目了然。

地区名 / 省编码 / 省名（省会所在地）

南特、旺代
44 大西洋岸卢瓦尔（南特）
85 旺代（永河畔拉罗什）

诺曼底
50 芒什（圣洛）
14 卡尔瓦多斯（卡昂）
61 奥恩（阿朗松）
76 滨海塞纳（鲁昂）
27 厄尔（埃夫勒）

布列塔尼
29 菲尼斯泰尔（坎佩尔）
22 阿摩尔滨海（圣布里厄）
56 莫尔比昂（瓦讷）
35 伊勒-维莱讷（雷恩）

法兰西岛
75 巴黎（巴黎）
93 塞纳-圣但尼（博比尼）
94 瓦勒德马恩（克雷泰伊）
92 上塞纳（楠泰尔）
78 伊夫林（凡尔赛）
95 瓦勒德瓦兹（蓬图瓦兹）
91 埃松（埃夫里）
77 塞纳-马恩（默伦）

佛兰德、阿图瓦、皮卡第
59 诺尔（里尔）
62 加来海峡（阿拉斯）
80 索姆（亚眠）
02 埃纳（拉昂）的一部分

安茹、都兰
49 曼恩-卢瓦尔（昂热）
53 马耶讷（拉瓦勒）和72萨尔特（勒芒）的一部分
37 安德尔-卢瓦尔（图尔）
41 卢瓦尔-谢尔（布卢瓦）和36安德尔（沙托鲁）的一部分

索洛涅、贝里
45 卢瓦雷（奥尔良）

18 谢尔（布尔日）
41 卢瓦尔-谢尔（布卢瓦）和36安德尔（沙托鲁）的一部分

普瓦图-夏朗德
17 滨海夏朗德（拉罗谢尔）
16 夏朗德（昂古莱姆）
79 德塞夫勒（尼奥尔）
86 维埃纳（普瓦捷）

波尔多
33 吉伦特（波尔多）

巴斯克
64 比利牛斯-大西洋（波城）

佩里戈尔
24 多尔多涅（佩里格）

图卢兹、加斯科涅
40 朗德（蒙德马桑）
32 热尔（欧什）
65 上比利牛斯（塔布）
31 上加龙（图卢兹）
09 阿列日（富瓦）的一部分

勃艮第
89 约讷（欧塞尔）
21 科多尔（第戎）
58 涅夫勒（讷韦尔）
71 索恩-卢瓦尔（马孔）

阿尔萨斯、洛林
67 下莱茵（斯特拉斯堡）
68 上莱茵（科尔马）
55 默兹（巴勒迪克）
54 默尔特-摩泽尔（南锡）
57 摩泽尔（梅斯）
88 孚日（埃皮纳勒）

利穆赞、奥弗涅
87 上维埃纳（利摩日）
23 克勒兹（盖雷）
19 科雷兹（蒂勒）
63 多姆山（克莱蒙费朗）

15 康塔尔（欧里亚克）
43 上卢瓦尔（勒皮）
03 阿列（穆兰）的一部分

里昂、布雷斯
69 罗纳（里昂）
01 安省（布雷斯堡）

萨瓦、多菲内
74 上萨瓦（阿讷西）
73 萨瓦（尚贝里）
38 伊泽尔（格勒诺布尔）
26 德龙（瓦朗斯）
05 上阿尔卑斯（加普）

尼斯
06 滨海阿尔卑斯（尼斯）

科西嘉岛
2A 南科西嘉（阿雅克肖）
2B 上科西嘉（巴斯蒂亚）

普罗旺斯
84 沃克吕兹（阿维尼翁）
04 上普罗旺斯阿尔卑斯（迪涅莱班）
13 罗讷河口（马赛）
83 瓦尔（土伦）

朗格多克-鲁西永
66 东比利牛斯（佩皮尼昂）
11 奥德（卡尔卡松）
34 埃罗（蒙彼利埃）
30 加尔（尼姆）
48 洛泽尔（芒德）

香槟、弗朗什-孔泰
08 阿登（沙勒维尔-梅济耶尔）
51 马恩（香槟地区沙隆）
10 奥布（特鲁瓦）
52 上马恩（肖蒙）
70 上索恩（沃苏勒）
90 贝尔福地区（贝尔福）
25 杜省（贝桑松）
39 汝拉（隆勒索涅）

南特、旺代

地理位置	地处法国西北部,卢瓦尔河流入大西洋的河口附近。湿地较多,但内陆地区也不乏广阔的耕地和丘陵。
主要城市	南特地区位于卢瓦尔河北岸,主要城市为南特。旺代地区位于卢瓦尔河南岸,主要城市为内陆城市永河畔拉罗什。
气　候	气候温和、四季宜人、冬季多雨。
其　他	16世纪,法国颁布了承认新教教徒信仰自由的《南特敕令》,南特便是该敕令的颁布地。

贻贝鸡肉酱
以鸡肉为原料做成调味酱,再将其淋在贻贝上制成的料理。

鱼汤
白葡萄酒风味的鱼汤,其中加入了大块面包。

砂锅舌鳎鱼、椰汁生蚝
将舌鳎鱼、生蚝和白扁豆放入砂锅炖煮而成。

扁豆砂锅
将扁豆简单调味后炖煮而成。

白葡萄酒香草蒸贝类
用白葡萄酒和香草蒸制鲈鱼和贝类食材。

诺亚芒提亚咸味脆皮鲈鱼
将鲈鱼用产于诺亚芒提亚岛的盐裹起来烤制的料理。

蒜味面包
蒜味面包为旺代地区的传统美食,是一种涂有有盐黄油和蒜蓉的面包。

南特、旺代地区位于法国西北部,地处卢瓦尔大区内的卢瓦尔河下游。其中,南特地区是指以南特为中心的卢瓦尔河北岸一带的城市圈。中世纪时期的南特是布列塔尼公国的首都,颇具盛名且十分繁华。到了17~18世纪,一跃成为法国最大的商业港口城市,可以说它是一座历史悠久且十分繁荣的大都市。现在的南特隶属布列塔尼半岛,南特美食包括了布列塔尼地区的部分美食。旺代地区包括以永河畔拉罗什为中心的卢瓦尔河南岸一带的城市,向大西洋延伸的诺亚芒提亚岛形状细长,也是该地区的一部分。南特、旺代地区位于卢瓦尔河的下游,故而拥有众多湿地。内陆地区的高地上有许多用林木隔开的耕地。

南特、旺代地区拥有海洋、山地、河流等多种地形地貌。受洋流影响,该地区气候温和湿润,也因此食材丰富,特产数不胜数。盛产芸豆、土豆、甘蓝等农作物和鱼贝类等食材。南部圣吉尔克鲁瓦德维每年都可捕获大量沙丁鱼,艾吉永养殖大量贻贝,诺亚芒提亚岛有可开采的盐田,当地居民会在碘含量丰富的土地

南特当代艺术中心,南特的历史标志建筑。其前身为19世纪建造的饼干工厂,2000年改建成为南特的综合艺术中心。

莱萨布勒多洛讷是沿旺代海岸线建造的城市,拥有3座港口,因钓鱼和海上运动受到人们喜爱。

1971年,法国政府修建了一座跨海大桥,将滨海博瓦小镇和诺亚芒提亚岛连接了起来,现在只需通过跨海大桥便可到达诺亚芒提亚岛。

上种植盐角草等植物。

此外，南特、旺代地区多饲养家畜和家禽。小牛肉、羔羊肉和可加工成生火腿的猪肉等均享誉世界。当地最有名的特产是鸭子，南特鸭是当地鸭与绿头鸭交配繁殖的鸭子，野味十足，颇受好评。放养在旺代地区湿地及沙朗的南特鸭，引得世界料理爱好者争相购买。

虽然该地区物产丰富，但葡萄酒和奶酪产量却不多。南特、旺代地区湿地众多，适合栽培葡萄的土地甚少，葡萄酒业并不发达。南特本地生产的酒由密斯卡岱葡萄制成，多用于制作南特本地料理，旺代地区的著名干白葡萄酒菲耶弗－旺代已获得V.D.Q.S优良地区餐酒认证，较为有名的葡萄酒仅此而已。当地畜牧业不发达，奶酪品种不多。南特地区食材多样、种类丰富，制作出的美食与其他地区相比毫不逊色。当地美食装盘朴素，多为平民菜色，但内容繁多，深入探寻便能感受到其丰富的饮食文化。

特产

白芸豆
白色的芸豆皮薄味美，加热后软烂可口，可用于制作沙拉、炖菜等多种料理。16世纪开始于当地种植。

诺亚芒提亚岛博诺特土豆
博诺特土豆为诺亚芒提亚岛特产的小个土豆。味甘，有榛子味。每年2月种植，90天后即可成熟收获。

布尔纳夫小白鳗鱼
鳗鱼幼鱼，无色透明。于海中产卵，其幼鱼经泥沼从海口游向河口后溯流而上。通常与芥末和红葱搭配食用，多出口至国外。

法国蜗牛（罗马蜗牛）
直径约5厘米的灰壳蜗牛。肉质紧实、风味独特、深受喜爱。

鸭子
湿地较多的地方适宜饲养鸭子。沙朗鸭多为放养，肉质细嫩、野味十足，颇受喜爱。

诺亚芒提亚岛盐
这种盐取自诺亚芒提亚岛的盐田，可以提取出粗盐和盐之花，还可以与香草混合，加工成有盐黄油。

●奶酪

卡耶博特奶酪
利用酶类凝固山羊奶制成的新鲜奶酪，这种奶酪制法被称为"凝乳"。当地人会将奶酪放进芦苇编制的容器中，沥干水分后食用。也可在食用时撒少许砂糖或卡莫克利口酒。

●酒／葡萄酒

密斯卡岱葡萄酒
产于卢瓦尔河流域南特地区，口感辛辣，与制作该酒的葡萄同名。

旺代葡萄酒
旺代地区湿地众多，葡萄种植面积有限，但也拥有经过V.D.Q.S优良地区餐酒认证的菲耶弗－旺代优质葡萄酒。这种葡萄酒既包括由白诗南葡萄制成的白葡萄酒，也包括由黑皮诺葡萄制成的玫红葡萄酒，无论哪种都可趁鲜饮用。

卡莫克利口酒
由阿拉比卡咖啡豆煎制酿成的利口酒。这种咖啡豆酸度和香度都较高，酿酒时通常选取生长2年以上的咖啡豆，成酒酒精浓度约为40%。

南特，法国历史和艺术之城。位于市中心的哥特式圣皮埃尔与圣保罗大教堂始建于15世纪，历经450年才竣工。

丰特奈勒孔特位于永河畔拉罗什东南，19世纪前是旺代省的省会，拥有众多历史建筑，如圣母教堂等。

旺代的海岸线旁分布着众多盐田，当地人至今仍使用传统手法采盐。水面上的盐结晶后可制成盐之花，沉入水底的盐可制成灰盐。

烤沙朗仔鸭配糖渍蔬菜

Canette Challans rôtie, légumes glacés

使用整只仔鸭烤制而成，口感醇厚、味美多汁，堪称提升宴会品质之极品。
鸭骨可同葱、紫苏等香味菜和小牛高汤混合烹煮成酱汁。

材料（6人份）

仔鸭（每只1.5千克）2只

酱汁

			配菜
洋葱 1/2 个	白葡萄酒 100 毫升	黄油 约50 克	橙味糖渍萝卜（详见第 220 页）
胡萝卜 1/2 根	小牛高汤（详见第 198 页）300 毫升	色拉油、盐、胡椒粉 各适量	蜂蜜糖渍胡萝卜（详见第 220 页）
芹菜 1/2 根	盐、胡椒粉 各适量		

1 将色拉油涂在事先处理好的仔鸭（详见第206页）表面，把盐均匀地撒在整只鸭子上。

2 锅中倒入少许色拉油，放入仔鸭小火煎。鸭腿部分较难煎透，可先从鸭腿开始煎。煎至鸭腿表面金黄后，翻面继续煎。

3 继续煎鸭胸部分。

4 边煎边去除多余油脂，直至整只仔鸭表皮变为金黄色。

5 煎至色泽均匀后将仔鸭取出，表面涂抹黄油以防表皮变干。

6 将鸭头和翅尖切下，剁成小块。热锅中放入30克黄油，待黄油化开后放入鸭头和翅尖，翻炒出香味。

7 将仔鸭背部朝上放入锅中，放入20克黄油，入烤箱，200~210℃烤制20~30分钟。

8 烤制过程中需翻动仔鸭，使其两侧上色均匀。如果烤出的颜色较浅，可加入少量黄油，或将烤出的油脂淋在仔鸭上。

9 待仔鸭两侧上色后，将其胸部朝上并淋少许烤出的油脂，使鸭皮的成色更加漂亮。

10 取出仔鸭，撒少许胡椒粉，常温静置20~30分钟。另起锅制作酱汁。

11 制作酱汁。将鸭头和翅尖块倒入锅中，放入切成小块的洋葱、胡萝卜和芹菜，小火翻炒。

12 过滤出油脂后将食材再次倒入锅中，倒入白葡萄酒并搅拌均匀。

13 一边炖煮一边撇去浮沫，倒入小牛高汤，继续炖煮片刻。

14 煮至浓度适中后捞出食材，汤汁中加盐和胡椒粉调味。

装盘

将仔鸭盛入大盘中，摆上配菜装饰。将酱汁盛入其他容器中，搭配仔鸭食用。

煨鲈鱼配炖芸豆

Pavé de bar braisé, ragoût de mogettes

将鲈鱼块与香味蔬菜一同炖煮，使蔬菜的香味融入汤汁中，再将汤汁和鲜奶油混合制成酱汁。

混合了鱼肉香味的奶油酱汁，是制作鱼料理的传统酱汁，与煮好的芸豆搭配十分美味。

材料（4 人份）

鲈鱼 600~800 克
切碎的红葱 2 个
白葡萄酒 150 毫升
鱼高汤（详见第 199 页）200~400 毫升
化黄油、盐、胡椒粉 各适量

酱汁
鲈鱼汁
鲜奶油 150 毫升
黄油 20~30 克
盐、胡椒粉、红辣椒粉 各适量

配菜
炖芸豆（详见第 225 页）

 1 提前处理鲈鱼。将菜刀斜切入鱼尾，由鱼尾向鱼头方向剥下鱼皮。

 2 去除鱼腹中的鱼骨。

 3 将鱼肉切块，涂抹盐和胡椒粉后摆放在事先涂好黄油的方盘中。

 4 在鱼肉块之间的缝隙中塞入切碎的红葱，倒入白葡萄酒。

 5 倒入鱼高汤，没过鱼肉。

 6 用内侧涂满黄油的烘焙纸盖住食材，放入烤箱中，180~200℃烤10分钟。

 7 烤好后将鱼肉取出，盖上保鲜膜，在温暖的地方静置。

 8 制作酱汁。过滤出方盘中剩下的鲈鱼汁，倒入锅中炖煮，去除白葡萄酒残留的酸涩味，煮至汤汁为原来的一半即可。

 9 加入鲜奶油继续炖煮，加盐、胡椒粉调味。然后加入红辣椒粉和黄油，晃动锅身将其摇匀。

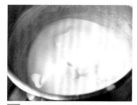 10 煮至汤汁黏稠即可。

装盘
将鲈鱼肉盛入盘中，加入炖芸豆。用搅拌器将酱汁打出小泡并倒入盘中。最后用少许意大利香芹（材料外）装饰即可。

穆卡拉
Mouclade

将煮贻贝剩下的汤汁煮沸，加入鲜奶油和鸡蛋黄，制成浓稠的酱汁，倒在贻贝上即可。用这种做法制成的贻贝口感松软，是当地美食之一。

在酱汁中加入咖喱粉或番红花，别有一番风味。

材料（2人份）

法国蓝贻贝 [*1] 约 1.4 千克
白葡萄酒 100 毫升
洋葱碎 100 克
黄油 25 克

*1 体形小且贝肉略黄的养殖贻贝。

酱汁
煮贻贝汁
鲜奶油 250 毫升
咖喱粉 10 克
手捏黄油 [*2]
　黄油 20 克
　小麦粉 20 克
蛋黄 2 个
鲜奶油（装盘用）3 汤匙
盐、胡椒粉 各适量

*2 用黄油和小麦粉混合捏成的合成黄油。

1　去除法国蓝贻贝的硬足丝，将贻贝壳清洗干净。

2　锅中放入黄油，将洋葱碎炒至变色，放入贻贝和白葡萄酒，盖上锅盖，大火煮至贻贝开口。

3　将贻贝捞出，将贻贝肉与壳分离（留半边贻贝壳备用）。去除备用贻贝壳上的黑色外膜。

4　制作酱汁。用厨房用纸滤去煮贻贝汁中的杂质，放入鲜奶油炖煮。

5　加入手捏黄油，煮至汤汁黏稠后放入咖喱粉。

6　将蛋黄与装盘用鲜奶油混合，倒入黏稠的汤汁中，加热至更加黏稠。加热过程中不要将汤汁煮沸，可添加少许盐和胡椒粉调味。

7　将贻贝肉放入酱汁中加热。

装盘
将贻贝肉放入贻贝壳中，连壳盛盘，淋上酱汁即可。

鳗鲡水手鱼
Matelote d'anguille

"水手鱼"是一种用红葡萄酒炖煮淡水鱼而制成的料理，本道料理用的是鳗鱼。鳗鲡水手鱼是当地的特色菜，颇受好评。

传统的鳗鲡水手鱼需要将黄油放入煮鳗鱼剩下的汤汁中搅拌，令汤汁变得更加浓稠，然后加入香煎培根和黄油甘蓝丝，再放入糖渍小洋葱和炸面包丁装饰。

材料（4人份）

鳗鱼 2 条
腌泡汁
  红葡萄酒 1 升
  切成片的洋葱 2 个
  切成片的红葱 2 个
  切两半的蒜 4 瓣
  香草束（详见第201页）1 束
黄油、盐、胡椒粉、手捏黄油 各适量
玛克红葡萄酒 100 毫升

配菜
蘑菇 200 克
小洋葱 300 克
培根 300 克
切片面包 2 片
黄油、澄清黄油、水、盐、胡椒粉 各适量
砂糖 1 撮
切碎的香芹 适量

1 鳗鱼去除皮和内脏后切成四五厘米的小段。将制作腌泡汁的所有食材放入碗中，拌匀后倒入鳗鱼段中。用保鲜膜密封并放入冰箱冷藏一晚。

2 将腌泡汁倒入锅中煮沸，去除腥味。

3 热锅中放入黄油，待黄油化开后放入腌过的鳗鱼段煎制，淋入玛克红葡萄酒，然后将鳗鱼段捞出。

4 将腌泡汁中的蔬菜倒入步骤3的锅中，炒至蔬菜透明，倒入鳗鱼段，加入煮沸的腌泡汁和香草束，撒少许盐和胡椒粉调味，继续盖上锅盖焖煮 20~30 分钟。焖煮时需使汤汁微微沸腾，依据沸腾的程度调节火候。

5 捞出鳗鱼段，在温暖的地方静置片刻。继续炖煮汤汁，加少许盐和胡椒粉调味，然后加入手捏黄油，制成浓稠的酱汁。

6 将蘑菇切成月牙状，用黄油炒熟。

7 小洋葱去皮后放入小锅中，加水至小洋葱的一半，然后加入黄油、盐、胡椒粉、砂糖一起炖煮，制成糖渍小洋葱。

8 培根切条，用黄油翻炒片刻后沥干油脂。

9 将切片面包切成小块，用澄清黄油煎成金黄面包丁。

装盘
将鳗鱼段再次放入酱汁中回温，然后连酱汁一起盛入较深的容器，放入小洋葱、培根条和面包丁，最后撒少许切碎的香芹点缀即可。

诺曼底

地理位置	地处法国北部，面朝英吉利海峡，塞纳河流经其东部，西部的科唐坦半岛向西延伸入海。在这里可观赏到美丽的海岸线和田园风光。
主要城市	诺曼底地区东部为上诺曼底大区，西部为下诺曼底大区，二者的主要城市分别为鲁昂和卡昂。
气　候	温暖多雨。
其　他	鲁昂曾为诺曼底公国的首都。

白酒炖牛肚
将牛肚用香味蔬菜、卡尔瓦多斯苹果白兰地和西打酒炖煮而成。

血汁煮鸭
用鲁昂产的鸭制作的特色菜。

奶油贻贝
用西打酒将贻贝蒸熟，加入鲜奶油点缀。

迪耶普比目鱼
迪耶普特色比目鱼，煮好后加入鲜奶油等点缀。

奶油蛋卷
加入鲜奶油的煎蛋卷。

维尔肉肠
将猪肉塞入肠衣，经烟熏制成。

正宗维尔肉肠
用猪的内脏制成的肉肠。

诺曼底地区位于法国北部，面朝英吉利海峡。其西部是下诺曼底大区，中心城市为卡昂；东部是上诺曼底大区，中心城市为鲁昂。圣米歇尔山坐落于下诺曼底大区的科唐坦半岛，因屹立于浅滩地区的修道院而闻名于世。

公元 10 世纪，维京人在这里建立了诺曼底公国，也就是今天的诺曼底地区。英法两国为争夺此地交战多年，直至 15 世纪这里才被法国占领，成为法国的领土。随着第二次世界大战的爆发，诺曼底地区又历经了多年战乱，饱受摧残。今天的诺曼底，所见之处皆是一片宁静祥和的景象。平静的大海、流淌着塞纳河的恬静田园，处处皆为美景。诺曼底地区距离巴黎不远且交通便利，被视为疗养胜地，备受欢迎。

诺曼底地区气候温暖，降雨较多，牧草生长良好，所以此处是法国最大的乳畜业基地。在这里，正在吃草的黑色诺曼底奶牛随处可见。优质的乳制品是诺曼底地区极具代表性的食材，如卡门贝尔奶酪这样备受人们喜爱的乳制品，同时这里还生产奶油和黄油等其他乳制品。

鲁昂圣母大教堂，哥特式建筑，始建于 12 世纪中期，尖塔高约 151 米。通过印象派画家莫奈的画作被世人所熟知。

诺曼底地区被称作"法国乳畜业王国"，在这里随处可见正在吃草的牛。除了饲养奶牛、肉牛外，养猪业也十分发达。

鲁昂的旧市区木质建筑林立。天气好的时候，可以在街边喝杯咖啡，欣赏古老的街景。

众所周知，滨海地区的鱼贝种类十分丰富，诺曼底也不例外，滨海地区盛产舌鳎鱼、贻贝和生蚝等海产品。此外，这里的羔羊以沿海地区自然生长的草为食，故其自身就带有咸味，十分有名。诺曼底地区还盛产生长在淡水河里的硬头鳟、鳗鱼，人工饲养的猪、小牛等家畜和珍珠鸡、雏鸡等家禽，用小牛肉制成的纽奥良香肠也非常有名。

在农作物种植方面，诺曼底地区的蔬果种类不在少数，最有名的是苹果、樱桃和梨等水果。当地人不仅用苹果制作点心和料理，还用其酿酒，当地的西打酒、卡尔瓦多斯苹果酒都是用当地的苹果为原料制作而成。由于当地不种植葡萄，无法酿造葡萄酒，所以苹果酒便代替了葡萄酒，受到当地人的喜爱。这里不同种类的苹果制作出不同功效的苹果酒。现在，卡尔瓦多斯苹果酒大多被当作餐后酒饮用，帮助消化，当地人习惯称之为"诺曼洞"。

舌鳎鱼

舌鳎鱼广泛分布于地中海、大西洋等地区，在诺曼底捕获的舌鳎鱼肉质厚实、更加美味。

诺曼底牛

产自诺曼底的牛大多为黑、白、茶三种颜色。当地人既饲养奶牛，也饲养肉牛。此外，诺曼底地区的乳制品产量占全法国乳制品产量的1/4。

盐地羔羊

圣米歇尔湾等沿海地区生长着大片牧草地，盐地羔羊就以这些海水浇灌的牧草为食。由于吃了这些含碘和盐的草，盐地羔羊的肉别有一番风味。

伊斯尼奶油（A.O.C）

伊斯尼地区盛产光滑柔顺的奶油。1986年，其生产的鲜奶油获得法国A.O.C原产地质量认证。伊斯尼的牛奶自然甘甜，含有坚果清香。

圣米歇尔贻贝（A.O.C）

位于诺曼底地区西南部的圣米歇尔山盛行养殖贻贝。2006年初，其生产的贻贝取得法国A.O.C原产地质量认证。这种贻贝的外壳为深蓝色，体形较小，肉为橘色，鲜味十足。

●奶酪

诺曼底卡门贝尔奶酪（A.O.C）

诺曼底卡门贝尔奶酪产于诺曼底南部的卡门贝尔村，这种奶酪十分柔软，表面覆盖着白色的霉菌。18世纪，当地人研制出卡门贝尔奶酪，1983年获得法国A.O.C原产地质量认证。

利瓦罗奶酪（A.O.C）

这种软奶酪具有独特的发酵食品的香味，1975年获得法国A.O.C原产地质量认证，其外表与周围有5根灯芯草的陆军上校肩章相似，因此又被称为"陆军上校"。

●酒

西打酒

西打酒是苹果果汁经自然发酵后制成的轻微发泡酒，这种酒有两种酒精浓度，分别为酒精浓度4%~5%和酒精浓度1.5%~3%。奥格产的西打酒于1996年获得法国A.O.C原产地质量认证。

卡尔瓦多斯苹果酒

卡尔瓦多斯苹果酒是蒸馏西打酒后制成的白兰地酒。其酒精浓度为40%，因其有助消化，可在就餐时或餐后饮用。

卡尔瓦多斯苹果酒是发泡西打酒蒸馏后放入橡木桶熟化而制成的苹果酒，与西打酒一样受到当地民众的喜爱。

圣米歇尔山浅滩的修道院兴建于8~13世纪，如今已被列为世界文化遗产，是法国最受欢迎的旅游胜地之一。

1060年，威廉一世在诺曼底地区建立了卡昂城堡，它曾是西欧最大的城堡之一。现在仅有城壁保存完整。

奶油烩珍珠鸡

Pintade sautée vallée d'Auge

卡尔瓦多斯苹果酒和西打酒都是用苹果制成的酒，用鲜奶油与苹果酒一起炖煮是诺曼底地区的传统料理方法。

以珍珠鸡为主要食材，烤制后加入苹果酒和鲜奶油一同炖煮，制作出味道醇厚的美味料理。

材料（4人份）

珍珠鸡（1.2千克）1只
盐、胡椒粉 各适量
黄油 20克
色拉油 2汤匙
卡尔瓦多斯苹果酒 60毫升

切碎的红葱 2个
西打酒 500毫升
鸡高汤（详见第198页）200毫升
鲜奶油 250毫升

配菜
焦糖苹果（详见第221页）

1 在处理好的珍珠鸡（详见第208页）表面撒少许盐和胡椒粉。

2 锅中放入黄油和色拉油，将鸡肉块中火煎至两面金黄，注意不要煎焦。

3 盛出鸡肉块，将鸡架切块，放入锅中，中火翻炒至上色后盛出，倒出锅中剩余油脂。

4 将鸡肉块和鸡架块再次倒入锅中，倒入卡尔瓦多斯苹果酒，喷火烧制，然后加入红葱碎翻炒。

5 倒入西打酒和鸡高汤大火炖煮。

6 沸腾后撇去浮沫，转小火慢炖。

7 加入切剩的苹果碎（材料外，详见第221页），撒少许盐和胡椒粉调味。

8 擦净锅的内壁，盖上锅盖，小火炖煮。

9 捞出鸡胸肉、鸡翅和鸡腿，包上保鲜膜，放在温暖处保存。

10 撇去汤汁上的浮沫，开大火炖煮，加入鲜奶油和少量卡尔瓦多斯苹果酒（材料外），煮至汤汁黏稠后，撒少许盐和胡椒粉调味。

11 将汤汁过滤两次，小火慢煮使其回温。

12 将鸡胸肉、鸡翅放入汤汁中，小火加热。如果汤汁的黏稠度不够，可加入少许黄油（材料外）。

装盘
将鸡肉块盛入盘中，倒入适量汤汁，放上鸡腿肉。将剩余汤汁倒入汤碗中，搭配焦糖苹果食用。

诺曼底舌鳎鱼
Sole normande

诺曼底舌鳎鱼是一道极具诺曼底风格的美味料理，主要食材为舌鳎鱼。

先用白葡萄酒将舌鳎鱼蒸熟，然后加入鲜奶油和黄油制成的酱汁。

厨师常用油炸小龙虾和小河鱼等作为装饰。

材料（4人份）

舌鳎鱼 4 条	白葡萄酒 200 毫升
韭葱 30 克	鱼高汤（详见第 199 页）300 毫升
洋葱 1/4 个	
红葱 2 个	盐、胡椒粉、黄
香草束（详见第 201 页）1 束	油 各适量

酱汁
鲜奶油 300 毫升
蛋黄 3 个
黄油 20 克
盐、胡椒粉 各适量

配菜
贻贝 250 克
生蚝 8 个
虾 250 克
红葱 1 个
百里香 1 枝
白葡萄酒 100 毫升
黄油 30 克

盐、胡椒粉 各适量

装饰用小龙虾（详见第 219 页）、炸西太公鱼（详见第 219 页）、装饰用蘑菇（详见第 225 页）各适量

切片面包 4 片
澄清黄油 适量

1 将处理好的舌鳎鱼（详见第 212 页）并排放在涂好黄油的烤盘中。

2 在鱼肉之间放入韭葱、洋葱、红葱和香草束。倒入白葡萄酒和鱼高汤，撒少许盐和胡椒粉调味。

3 将烘焙纸一面涂满黄油，朝下盖在鱼肉上。将烤盘放入烤箱，200℃烤 10~15 分钟。

4 取出烤盘，过滤出汤汁。

5 挑出鱼骨并整理好鱼肉形状。

6 制作配菜。热锅中放入黄油，待黄油化开后倒入切碎的红葱和百里香翻炒。加入洗净的贻贝，倒入白葡萄酒后盖上锅盖煮。

7 待贻贝开口后，取出贝肉，并过滤出汤汁。

8 用步骤 7 中的汤汁煮生蚝，过程中注意不要将汤汁煮沸，煮至蚝肉柔软且富有弹性后捞出。

9 用同样的汤汁煮虾，煮至虾身变色后捞出。

10 将鲜奶油与步骤 4 中的汤汁混合加热，煮至汤汁黏稠。

11 加入蛋黄，小火慢煮，注意不要煮沸。

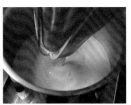

12 煮至汤汁浓稠后过滤，加盐和胡椒粉调味。加入黄油，使汤汁更加黏稠。

13 将面包片切成 N 字形，N 代表诺曼底名称的首字母。煎锅中倒入适量澄清黄油，放入面包片，煎至两面焦黄即可。

装盘
将舌鳎鱼盛入盘中，淋入酱汁，添加适量配菜装饰即可。

诺曼底烤鸡

Poulet rôti à la normande

诺曼底烤鸡用一整只鸡制作而成，主要食材是当地饲养的鸡。制作时需将鸡内脏和猪肉等食材
混在一起，然后塞进鸡腹进行烤制。这种做法能够最大限度地保留鸡肉的本味。

酱汁是由苹果和卡尔瓦多斯苹果酒制成的奶油酱。

还加入了苹果和蘑菇装饰。

材料（5 人份）

鸡 1 只

馅料
    鸡肝、鸡胗、鸡心 各 1 个
    猪肉馅 150 克
    切碎的红葱 1 个
    切碎的欧芹 2 根
    鸡蛋 1 个
    盐、胡椒粉 各适量
色拉油、黄油 各适量
连皮蒜 1 瓣
百里香 1 枝

酱汁
鸡头骨、鸡头肉
蒜 1 瓣
红葱 1 个
苹果碎 适量
卡尔瓦多斯苹果酒 100 毫升
鲜奶油 300 毫升
小牛高汤（详见第 198 页）200 毫升
黄油、盐、胡椒粉 各适量

配菜
蘑菇 150 克
青苹果 2 个
柠檬汁、水 各少量
黄油 适量

1　制作馅料。锅中放黄油，倒入切碎的红葱炒熟。将切碎的鸡肝、鸡胗和鸡心与其他馅料食材混合。

2　准备鸡肉。用刀切下鸡头，剥掉鸡头的皮，分离鸡头骨和鸡头肉。将鸡头骨和鸡头肉切成大块备用。去除鸡锁骨和鸡尾部的腺体。

3　将盐和胡椒粉撒在掏空的鸡腹内，塞入馅料。塞好后用棉线绑紧（详见第 206 页，步骤 11~21），防止加热时变形。将绑好的鸡放入涂抹了色拉油和黄油的烤盘中，加入百里香和连皮拍碎的蒜瓣。将烤盘放入烤箱，220℃烤 1 小时 15 分钟，将鸡肉完全烤熟。烤制过程中每隔 15 分钟需将烤出的油涂抹在鸡皮上，防止鸡皮太干。

4　制作配菜。将切块的蘑菇与少量水、柠檬汁和黄油混合加热。

5　青苹果削皮，挖成球形，剩余的苹果碎块制作酱汁。锅中放入适量黄油，待黄油化开后倒入苹果球炒至变色。

6　制作酱汁。锅中倒入切块的鸡头骨和鸡头肉，翻炒片刻后加入切成薄片的红葱、对半切的蒜和苹果碎，继续翻炒。

7　炒至蔬菜半透明时加入卡尔瓦多斯苹果酒和小牛高汤炖煮，激发出鸡肉和苹果的香味。煮好后过滤出汤汁，加入鲜奶油继续炖煮。

8　汤汁变浓稠后再过滤一次，加入盐和胡椒粉调味，最后加入黄油，令汤汁更加黏稠。

装盘
将酱汁倒入盘中，铺满整个盘子。解开棉线，将整只鸡盛入盘中。最后加入蘑菇和苹果球装饰即可。

B RETAGNE

布列塔尼

布列塔尼地区位于法国西北部,公元 5 世纪,英格兰的塞尔特人来到这里建立了"小布列塔尼",布列塔尼地区的名称便由此而来。这里既有说布列塔尼语这一独特方言的人,也不乏塞尔特风格的建筑物。其中心城市为东部的雷恩。

布列塔尼地区北、西、南三面环海,主要盛产鳌虾、鲈鱼、鲷鱼、螃蟹等鱼贝类食材,还盛行人工养殖虾、扇贝和生蚝。为展现海洋的慷慨馈赠,当地人创造了一道特色料理,即海鲜拼盘。它是将多种新鲜贝壳类海鲜组合而成,十分美味。当地传统吃法会放入柠檬和红葱,再搭配香醋、蛋黄酱、全麦面包和黄油一同食用,这道料理在巴黎也非常受欢迎。布列塔尼地区的羊因为生长在海边,体内带有盐分,这种羊与当地生产的优质盐一样闻名于世。盖朗德是著名的盐产地,从行政区划的角度来看,它应当隶属于南特(大西洋岸卢瓦尔省),但由于南特曾经是布列塔尼公国的首都,所以今天人们仍然认为盖朗德盐是布列塔尼地区的特产。

布列塔尼地区的农业较发达。布列塔尼地区地处西北方,常常阴雨连绵,海岸线错综复

圣马洛是疗养胜地,港口内停靠着许多大型帆船。曾经有很多装满新西兰羊毛及中国红茶的意大利商船停靠在这里。

1720 年的一场大火烧毁了雷恩的半个街区,但仍有不少古老的木质和石制建筑物保留至今。图为雅凯场广场四周的街景。

美丽的村庄罗什福尔坐落在雷恩的西南部,这里屹立着著名的特龙查耶圣母教堂。该教堂始建于 12 世纪,直至 19 世纪才竣工。

杂，所见之处一片荒凉，所以经常给人一种气候恶劣的错觉。实际上，受大西洋洋流影响，这里的冬季并不寒冷。此外，其降水量与法国平均降水量相比较少，湿度适宜，适合植物生长。内陆地区种有洋蓟、菜花、白芸豆、草莓、甜瓜、苹果等蔬果作物，沿海地区则种植珊瑚草。

荞麦也是布列塔尼地区有名的特产。当地并没有适合种植小麦的土壤，所以荞麦就成为了当地人的主食，用荞麦粉制作的烘饼是有名的特产，备受人们喜爱。荞麦粉直译为"撒拉逊人的面粉"，因为荞麦粉是布列塔尼的航海家们从亚洲带回法国栽培种植的。

说起酒，布列塔尼地区与其东边的诺曼底地区一样不生产葡萄酒，当地居民日常饮用的酒也是由苹果酿成的西打酒。另外，当地人用荞麦花花蜜制成的蜜糖酒和用西洋梨制成的洋梨酒也十分受欢迎。布列塔尼地区以荞麦和海水为原材料制成的啤酒也别有一番滋味。虽然当地有许多味道不同的酒，但当地人更爱的还是啤酒。

洋蓟
布列塔尼地区的洋蓟产量约占法国全国洋蓟产量的80%。当地种植的洋蓟品种主要为较大的卡慕洋蓟和卡斯泰尔洋蓟。洋蓟根据品种不同，味道的甜苦也不同。

盐角草
盐角草同鹿尾草相似，是一种以海盐为养分的植物，被称为"海中的白芸豆"。质地柔软，富含矿物质，营养价值较高。盐角草自身带有咸味，可生食。

荞麦粉
将荞麦粉、盐和水混合制成面坯，在中间塞入馅料制成烘饼等食物。布列塔尼人自古以来就将荞麦粉视为主食。

生蚝
布列塔尼地区北部的康卡尔和潘波勒，南部的布龙和基伯龙均养殖生蚝，康卡尔和潘波勒的生蚝外壳扁平。当地人在食用生蚝时大多会加柠檬汁，与涂抹了黄油的面包一起食用。

布列塔尼龙虾
外壳为蓝色的龙虾。虾肉为白色，肉质紧实透明，咸味较重。布列塔尼龙虾味道鲜美，具有超高的人气。

黄油
布列塔尼地区盛产多种黄油，如有盐黄油、无盐黄油、加入海藻的黄油等。其中，有盐黄油的使用频率最高，可用于制作黄油酥饼和太妃糖等。

盖朗德盐
盖朗德位于布列塔尼半岛南部，盛产天然盐。盖朗德生产盐的历史可追溯到公元前，这里生产的盐咸度不高，口感温和，含有丰富的矿物质。

●奶酪

乔伊修道院奶酪
产于南部康佩内阿克，用牛奶制成的水洗软质奶酪，不加热时呈半硬状，具有一定弹性。

●酒

西打酒
由苹果汁制成的发泡酒，酒精浓度为3%~5%。西部的坎佩尔科尔努阿耶生产的西打酒已获得法国 A.O.C 原产地质量认证。

兰比格苹果酒
一种以苹果酒为原料制成的烈酒，从苹果酒中提取酒液后需放入橡木桶中保存4年，有"布列塔尼之最"的美名。

蓬拉贝位于布列塔尼地区西部，每年7月这里都会举办"刺绣节"，游行队伍中的女人穿着精致的黑色刺绣传统服饰，头戴白色花帽。

用大量黄油将与饼干一样厚的面饼表皮烤得酥脆，制成布列塔尼帽烘饼，这是布列塔尼地区有名的点心，有许多工厂生产。

菲尼斯泰尔位于布列塔尼地区西部，菲尼斯泰尔意为"大地的尽头"，沿海地区遍布岩石。这里的凯尔特文化色彩十分浓厚。

海鲜酥皮奶油汤

Soupière de crustacés et coquillages en croûte

这是一道能够同时品尝到虾、扇贝、贻贝等各种海鲜和奶油浓汤的美味料理。
料理的盖子用千层酥皮制成，烤制时要注意火候，激发出食材鲜美的味道。

材料（6人份）

		配菜	装盘
海螯虾 6只	白葡萄酒 100毫升	胡萝卜 200克	千层酥面坯（详见第218页）250克
对虾 6只	味美思酒 40毫升	韭葱白 200克	蛋液
生蚝 6个	鲜奶油 400毫升	蘑菇 200克	鸡蛋 1个
扇贝肉 6个	番红花、黄油、胡椒	细香葱 2把	蛋黄 2个
贻贝 1千克	粉 各适量	黄油、盐、胡椒粉 各适量	味美思酒 适量
红葱 2个			

1 用刀撬开生蚝，取出生蚝肉，汁水过滤后备用。

2 加热步骤 1 中的汁水，放入生蚝肉稍煮片刻，煮至半熟后捞出生蚝肉，将汤汁过滤。

3 去除贻贝的足丝。热锅中放入黄油，放入贻贝和切碎的红葱翻炒片刻。倒入白葡萄酒，盖上锅盖焖煮至贻贝开口后立刻关火，撒少许胡椒粉。

4 捞出贻贝，控去水分后取下贻贝肉，去掉贻贝肉上影响美观的黑色线状膜。

5 过滤煮贻贝剩下的汤汁。过滤时，为去掉汤汁中细小的沙粒，可将厨房用纸铺在漏斗上过滤。

6 将贻贝和生蚝的汤汁、味美思酒和番红花一同倒入锅中煮沸。生蚝含盐较多，可根据情况加盐调味。

7 煮至汤汁沸腾后将火慢慢减小，待番红花的颜色变深且煮出香味后加入鲜奶油。然后加入胡椒粉调味，再加入黄油增加汤汁的黏稠度。

8 炖煮汤汁时注意不要煮沸。处理好海螯虾（详见第 215 页）和对虾后，和扇贝肉一起放入汤汁中煮至半熟。

9 将虾等海鲜捞出。汤汁倒入容器后需用千层酥皮做盖子，为防止热气软化千层酥皮，要提前将汤汁隔冰水冷却。

10 将胡萝卜、韭葱白、蘑菇切成细条。热锅中放入黄油，依次倒入胡萝卜条、韭葱条和蘑菇条翻炒，注意不要炒焦。

11 加盐和胡椒粉调味，蔬菜炒软后捞出，沥干水分。

12 将蔬菜铺在耐热性较好的汤碗底部，再将海鲜摆在蔬菜上。倒入味美思酒和切碎的细香葱，然后倒入步骤 9 中的汤汁，至汤碗的 2/3 处即可。

13 将千层酥面坯延展为厚两三毫米的圆形面坯，其面积应稍大于碗口，在圆形面坯边缘涂一层蛋液。

14 将圆形千层酥面坯盖在碗口，在其表面涂抹一层蛋液，放入冰箱冷藏片刻，使其更加干燥。如此重复 3 次后，将其放入烤箱，220℃烤制 10 分钟即可。

阿尔莫里克龙虾拌洋蓟沙拉

Salade de homard aux légumes armoricains

龙虾是布列塔尼地区极具代表性的特产，这道菜用龙虾和洋蓟制成。

调味汁用香味十足的苹果酒醋制成。

阿尔莫里克是 7 世纪前法国西部的地名。

材料（4 人份）

龙虾 4 只
清汤（详见第 200 页）
盐、胡椒粉 各适量

橄榄油炒蔬菜
　卡慕洋蓟 2 个
　切片洋葱 1/6 个

百里香 1 枝
月桂叶 1/2 片
蒜 1 瓣
橄榄油 3 汤匙
鸡高汤（详见第 198
页）50~60 毫升
　盐、胡椒粉 各少量
番茄 2 个

土豆 2 个
根芹菜 1/2 个
柠檬汁 适量
小洋葱 1/2 个
鸡蛋 3 个
沙拉调味汁
　苹果酒醋 3 汤匙
　橙汁、柠檬汁、葡萄汁

各 1 汤匙
橄榄油、葵花子油 各 4
汤匙
盐、胡椒粉 各适量

装盘
香葱、香芹 各适量

28

1 将龙虾的腹部两两紧贴在一起，用棉线绑紧。也可将一只龙虾与汤匙或小棍绑在一起。

2 锅中倒入清汤，小火煮开，撒盐和胡椒粉调味。

3 放入龙虾，盖上锅盖焖煮。可根据龙虾的重量调整炖煮时间，1千克龙虾煮大约10分钟。

4 煮至龙虾变色后捞出，解开棉线，将龙虾放凉。

5 将龙虾头和龙虾身分离，拆下龙虾钳，剥壳取出龙虾肉。龙虾凉后壳会变硬，肉跟壳会紧贴在一起，很难分开，因此在龙虾尚有余温时拆卸较为容易。

6 用刀将龙虾钳轻轻撬开，取出龙虾钳肉，注意避免破坏龙虾钳肉的形状。

7 将龙虾肉放入已经冷却的煮龙虾汤中。

8 将根芹菜削皮后切成细丝，可撒少许柠檬汁防止变色。

9 将洋蓟切成适口大小（详见第215页），锅中倒入适量橄榄油，放入切片洋葱、月桂叶、百里香和拍碎的蒜翻炒片刻，放入切好的洋蓟。

10 倒入少量鸡高汤、盐和胡椒粉，盖上锅盖焖煮，直至洋蓟变软。

11 制作沙拉调味汁。将苹果酒醋、橙汁、柠檬汁、葡萄汁倒入锅中，煮开后关火。

12 待汤汁冷却后，倒入橄榄油和葵花子油拌匀，撒盐和胡椒粉调味。

13 将龙虾肉切成圆片，若有残留虾线需去除。将小洋葱切成薄片。用热水浇淋番茄，剥去番茄皮并切成月牙形小块。将土豆煮熟后切成五六毫米厚圆片。

14 鸡蛋煮熟后分离蛋白和蛋黄，分别切碎。

装盘
1 将根芹菜丝、洋蓟块和洋葱片盛入碗中，淋上沙拉调味汁和切碎的细香葱搅拌均匀，装盘。
2 将土豆片和龙虾肉摆在蔬菜上，撒上蛋白和蛋黄碎，将番茄块放在土豆片和龙虾肉周围。
3 将龙虾钳肉装盘，放上龙虾头和龙虾尾，撒香葱和香芹做装饰。将剩余的沙拉调味汁滴在食物周围即可。

煎蛋火腿奶酪荞麦烘饼

Galette au sarrasin avec œuf miroir, jambon et fromage

用荞麦粉制作的法式烘饼是布列塔尼地区的招牌美食,十分有名。

当地人在制作时会在面饼中加入咸味配菜,并将面饼折成正方形。标准配菜是煎蛋、火腿和奶酪。

与当地生产的西打酒搭配食用风味更佳。

材料（约 12 人份）

面坯（直径约 22 厘米、12 个）
　荞麦粉　250 克
　鸡蛋　1 个
　盐　适量
　水　500 毫升
　色拉油　2 汤匙
　啤酒　50 毫升

配菜
鸡蛋、火腿、格吕耶尔奶酪丝　各适量

装盘
紫叶生菜

1　将荞麦粉和盐倒入碗中，打入鸡蛋，用搅拌器一边打散鸡蛋一边将其与荞麦粉混合。

2　少量多次倒水，一边倒一边将荞麦粉搅匀。

3　倒入啤酒和色拉油继续搅匀，放入冰箱静置 2 小时。

4　煎锅中放黄油（材料外），倒入荞麦糊煎制，尽量煎薄一些。

5　面坯表面稍稍起泡后，打入 1 枚鸡蛋，放入火腿和格吕耶尔奶酪丝。将薄饼边向内折成正方形，当鸡蛋半熟时完成。

装盘
将做好的烘饼盛盘，用紫叶生菜装饰。建议搭配西打酒食用。

法兰西岛

概况

地理位置	地处法国北部的内陆地区。塞纳河、马恩河和瓦兹河流经此地,宁静秀丽的田园风光遍布其中。拥有众多森林,如枫丹白露森林等。
主要城市	巴黎。
气　候	受偏西风等因素的影响总体偏暖,冬季稍冷。日照时间长,全年降水量少。
其　他	巴黎是艺术、时尚的代名词,是世界文化艺术中心。

特色料理

阿让特伊浓汤
以芦笋为主要食材制成的浓汤。

蛋黄酱小牛肉
煮熟的牛头肉(含牛舌和牛脑)搭配蛋黄酱(用熟鸡蛋、香草、香醋和橄榄油制成)。

蘑菇炖小牛肉
蘑菇和小牛肉炖煮成的料理。

贝西小牛肝
煎小牛肝搭配用红葱、葡萄酒、骨髓和欧芹制成的贝西酱。

洋葱回锅肉
将蔬菜牛肉浓汤中剩下的牛肉放入烤箱烤至表面焦脆。

秘制煎猪排
煎猪排搭配黄瓜酱(用酸黄瓜、洋葱、香醋和芥末制成)。

以巴黎为中心的法兰西岛地区地处法国北部,因其被塞纳河、马恩河和瓦兹河包围,故被称为"岛"。其南部拥有广阔的枫丹白露森林和绿意盎然的平原,二者相互交织构成了一幅美丽的自然风景图。据说从前的王宫贵族都喜欢在这里修建城堡,享受狩猎的乐趣。枫丹白露附近的村庄巴比松因19世纪米勒、柯罗等巴比松派画家经常聚集于此而闻名于世。

这里土壤肥沃、气候温暖且日照时间长,曾经种植了丰富的蔬菜水果以满足王宫的需求。例如,阿让特伊盛产芦笋,克拉马尔多种植青豌豆等。随着城镇化的进程,这些产地也慢慢失去了往日的风光,但有些地方依然保留着农业,例如巴黎的巴黎蘑菇至今仍在种植,且十分有名。

除农作物外,这里还盛产淡水鱼,森林中也有不少野味,人工饲养的家畜和家禽也非常出名。巴黎火腿等熟肉制品、莫城布里奶酪等优质奶酪以及香气浓郁的芥末粒都是该地十分著名的食材。19世纪末之前,这里生产了许多品质优良的葡萄酒,但是第一次世界大战后

凡尔赛宫内的"镜廊"是国王会见大臣和举办仪式的地方。墙壁上满满的镜子反射透过窗户的光线,令人眼花缭乱。

凡尔赛宫伫立在绿意盎然的巴黎市郊,是路易十四集结当时世界一流的建筑师和园艺师打造而成。拥有以太阳神阿波罗之名命名的喷泉。

协和广场位于巴黎香榭丽舍大街的东侧。法国大革命时期,国王路易十六和皇后在此地被处死。

爆发了蚜虫灾，大量葡萄田减产甚至损毁，重建后的葡萄田产量大不如前。尽管如此，当地也生产了几种酒，如西打酒和柑曼怡。1969 年，法国政府在巴黎南部开设了兰吉斯市场，国内外食材进一步流通，食材种类愈发丰富。

　　法兰西岛的王公贵族曾邀请全国各地优秀的厨师聚集于此，所以这里也因众多豪华的古典料理而闻名。当地生产的贝夏美调味酱和贝亚恩调味酱至今仍是法国料理的基础调味酱。除豪华料理外，这里也涌现了许多有名的平民料理，如利用猪里脊上的肥肉制作的法式馅饼和用牛肉与蔬菜一起炖煮的蔬菜牛肉浓汤等。随着时间的推移，周边地区居民慢慢向这里聚集，其他国家的移民也多了起来，本地料理、各地方料理与外国料理相互交融。今天的法兰西岛流传着许多传统料理，在巴黎餐厅的大厨们不断改进下，逐渐变得丰富起来。

12 世纪，枫丹白露森林成为了国王的狩猎场地。16 世纪，弗朗索瓦一世请意大利的工程师在这里建造了城堡。拿破仑经常在这里居住。

西堤岛位于塞纳河，著名的巴黎圣母院便建于此岛。晚上从这里可看到整个巴黎的夜景。巴黎市中心的塞纳河岸古建筑林立，许多都被列为世界遗产。

巴黎由 20 个区组成，凯旋门位于中央一区。穿过这里能够看到收藏了许多名画和雕刻作品、举世闻名的卢浮宫。

香巴奴烤羊排

Agneau Champvallon

香巴奴是法国国王路易十四的爱妾，据说这道料理是她的厨师发明的，所以便以她的名字命名。
这道料理以羊羔背部的肉为主要食材，搭配洋葱等蔬菜，再用肉汤炖煮，香味十足。
羊羔的油脂带有强烈的异味，所以在制作时要去除骨头和肉块上的油脂。此外，利用炖煮羊肉
的底汤制作能够使肉更加诱人。

材料（4人份）

羊羔肋排 8 根
色拉油 50 毫升
盐、胡椒粉 各适量

羊羔白汤
羊羔肉块和骨头 共 500 克
胡萝卜 1 根

韭葱 1 根
洋葱 1/2 个
丁香 1 根
芹菜 1 根
蒜 1 瓣
香草束（详见第 201 页）1 束
百里香、水、盐、胡椒粉 各适量

配菜
百里香叶 1 枚
切片洋葱 250 克
羊羔白汤 500 毫升
黄油、盐、胡椒粉 各适量
土豆 1.2 千克

澄清黄油、盐、胡椒粉 各适量

1 将羊羔肋排处理好（详见第 208 页），削去多余的肉使每块肋排的厚度相同，将肋排一根一根切开，剔除多余的脂肪和筋。

2 在羊肋排上撒少许盐。加热煎锅，倒入色拉油，油热后将羊肋排中高火煎制。

3 翻面，以同样的方式煎另一面。过程中要不时撇去多余的油脂。

4 两面均煎至金黄后，将羊肋排放在沥油架上沥去油脂，撒上少许胡椒粉。倒出煎锅中剩余的油脂，接下来要用这口锅制作配菜。

5 制作羊羔白汤。将处理羊羔肋排时剩余的骨头和碎肉剁成小块，剔除多余油脂，放入水中浸泡，去除血水。

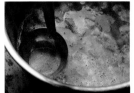

6 将骨头和碎肉放入锅中，倒入清水没过全部食材，开大火炖煮。沸腾后小心地撇去浮沫。

7 加入切成合适大小的蔬菜和香草束，撒少许盐和胡椒粉调味，转小火炖煮。

8 炖煮过程中仍需撇除汤中的油脂和浮沫。一两个小时后关火并过滤汤汁。将过滤好的汤汁放入冰箱冷藏一晚，令其中的油脂凝固，去异味。

9 在煎羊肋排的锅中倒入色拉油和黄油，放入洋葱片炒至变色。

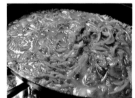

10 加入切碎的百里香叶、盐和胡椒粉。翻炒时若油脂不够洋葱会变干，可适当加入少许黄油。倒入羊羔白汤煮沸。

11 土豆去皮，先削成圆柱形，再切成厚约 2 毫米的片。土豆含有大量淀粉，为防止淀粉流失，不要泡水。

12 将适量土豆片铺在有一定深度且耐高温的盘子里，再将一半煮熟的洋葱片放在土豆片上。

13 放入羊肋排，在上面铺上另一半洋葱。将剩余的土豆片与澄清黄油、盐和胡椒粉拌匀，在洋葱上摆成花朵状。倒入羊羔白汤，至盘子的 3/4 处，最后淋少许澄清黄油。

14 准备一张铝箔，在内侧涂抹黄油（材料外）并戳几个气孔，盖在步骤 13 的盘子上。放入烤箱，200℃烤制约 20 分钟，土豆变软即可。

美式龙虾酱
Homard à l'américaine

将龙虾头与香味蔬菜、白葡萄酒、科涅克酒混合制成酱汁，龙虾肉要小火慢炖。

据说是 1860 年一名法国厨师从美国回国，在巴黎的餐厅中创造了这道料理。

材料（4 人份）

雌性龙虾 2 只	百里香、月桂叶 各适量	大米 30 克
洋葱 1 个	色拉油 2 汤匙	白胡椒粒 适量
红葱 2 个	科涅克酒 50 毫升	番茄 60 克
芹菜 1/2 根	白葡萄酒 200 毫升	番茄酱、辣椒粉 各适量
胡萝卜 1 根	鱼高汤（详见第 199 页）300 毫升	黄油 100 克
蒜 1 瓣	青蒿 2 根	盐、胡椒粉 各适量

1 这道料理的主要食材是雌性龙虾。与雄性相比，雌性龙虾拥有卵巢，其虾黄味道更足，龙虾身也更宽。

2 提前处理好龙虾（详见第214页），将两只龙虾的腹部贴在一起并用棉线绑紧，防止其在加热过程中翻面。若只有一只龙虾，可将其与汤匙或小棍绑在一起。

3 将龙虾腿肉切成细条。将龙虾的黄、处理龙虾时流出的血液和碎肉收集起来备用。龙虾头的壳可作为装饰使用。

4 锅中倒入20克左右的色拉油和黄油，油热后放入捆好的龙虾和龙虾钳煎制，表面完全变红后捞出。

5 将龙虾腿肉、碎肉和碎虾壳倒入锅中翻炒。再加入20克黄油，倒入切成小丁的洋葱、红葱、芹菜、胡萝卜、蒜以及百里香和月桂叶，炒出水分。

6 蔬菜炒软后加入青蒿，转小火并淋入少许科涅克酒。

7 倒入白葡萄酒继续炖煮，煮出酸味后加入鱼高汤和龙虾的血液。

8 番茄去皮去子后切成小块。在番茄酱中倒入少量鱼高汤，搅拌均匀。将番茄块与番茄酱倒入蔬菜中，加热至沸腾后撇去浮沫，然后加入大米和白胡椒粒。放入煎好的龙虾，控制火候令汤汁微微沸腾，龙虾钳需煮至四分熟，龙虾身煮至五分熟。

9 捞出龙虾钳和龙虾身，放在托盘上，将龙虾肉从龙虾壳中剥出。

10 拣去汤汁中的百里香和月桂叶，倒入龙虾黄并搅拌均匀。将汤汁过滤后再倒回锅中，小火炖煮，加盐、胡椒粉和辣椒粉调味。

11 撇去汤中浮沫，将60克黄油（或虾黄黄油）切成小块，放入汤中搅拌以增加其黏稠度。

12 过滤汤汁，加入切碎的青蒿叶即可。

装盘
将剥好壳的龙虾肉盛入较深的盘中，浇上酱汁，再用龙虾头和尾装饰。

捆线牛里脊配香草酱

Filet de bœuf à la ficelle, sauce aux fines herbes

这道料理是用棉线将牛里脊绑紧，放入牛肉汤中炖煮而成。这种制作方法能使牛肉口感更加软嫩。

加热时需注意不要让汤沸腾，这样制出的牛肉才能更加鲜嫩可口。

材料（4人份）

牛里脊 720 克
牛肉高汤（详见第 200 页）2 升

配菜
胡萝卜 3 根
芜菁 3 个
土豆 3 个
根芹菜 1/2 个
西葫芦 1 根
樱桃番茄 12~16 个
橄榄油、盐、胡椒粉 各适量

香草酱
煮牛肉剩下的汤汁 100 毫升
鲜奶油 200 毫升
香叶芹 10 根
青蒿 5 根
细香葱 1/2 把
意大利香芹 5 根
盐、胡椒粉 各适量

装盘
香叶芹、青蒿、海盐、黑胡椒碎 各适量

1 提前 1 天制作牛肉高汤（详见第 200 页）。

2 将樱桃番茄外的其余配菜去皮并切成椭圆形，过水焯一下。

3 去除牛里脊上的筋和多余脂肪，用棉线绑起来，留出一段线。

4 将牛肉高汤倒入圆柱形深底锅中加热，待汤加热到 85℃时放入牛里脊，把多出的一段棉线绑在锅把手上，防止肉沉入锅底。加热时将汤温度保持在 80~90℃。

5 牛里脊煮熟后取出，解开棉线，在温暖的地方静置。

6 将汤汁煮至剩余原来的一半量后，加入鲜奶油继续炖煮。加入切碎的香草、盐和胡椒粉调味，制成香草酱。

7 将步骤 2 中的配菜倒入酱汁中炖煮。

8 将樱桃番茄连蒂一起放入热水中快速焯水，然后迅速取出放入冰水中，由顶部将番茄皮剥到蒂处。放入烤盘，撒适量橄榄油、盐和胡椒粉后放入烤箱，90℃烤制约 20 分钟。

装盘

1 将牛里脊切开，每份约 180 克。盛入深口盘中，倒入肉汁，加入配菜。

2 将海盐和黑胡椒碎撒在牛里脊上，放香叶芹和青蒿装饰。将香草酱盛入另一个容器中，摆在深口盘旁即可。

帕门蒂尔焗牛颊肉

Parmentier de noix de joue de bœuf

将炒好的牛肉与洋葱、土豆盛入烤盘中，撒上奶酪烤制而成。表面香脆，色香味俱佳。将牛肉捣碎后加入红薯能使料理的味道更佳醇厚。

帕门蒂尔是这道料理的名称，也是一位 18 至 19 世纪的法国农学家的名字，他致力于土豆的种植和食用，贡献突出，一直被法国人铭记。

材料（6人份）

牛颊肉 1 千克
红葡萄酒 1.5 升
胡萝卜 150 克
洋葱 150 克
丁香 2 个
蒜 2 瓣
香草束（详见第 201 页）1 束
色拉油 适量
小麦粉 30 克
番茄 2 个
盐、胡椒粉 各适量

土豆泥
土豆 500 克
有盐黄油 50 克
鲜奶油 50 毫升
盐、胡椒粉 各适量

红薯 500 克
孔泰奶酪丝 100 克

1 去除牛颊肉上的筋，切成小块。将切片胡萝卜同洋葱、丁香、蒜、香草束和红葡萄酒一起放入碗中腌制，放入冰箱冷藏 12 小时。

2 将步骤 1 中的肉、蔬菜和汤汁分开。拣出丁香和香草束。

3 煎锅中倒色拉油，大火烧热后放入牛肉块，将表面煎硬，使香味锁在肉中。加入腌制过的蔬菜和小麦粉继续翻炒。

4 将步骤 2 中的汤汁煮沸，倒入煎锅中。番茄用开水烫后剥皮、去子，切成块倒入汤中。撒少许盐和胡椒粉，放入烤箱，180℃烤制两三个小时。

5 待肉变软后取出并捣碎。过滤汤汁，将其倒入锅中继续炖煮至浓稠。

6 制作土豆泥。将土豆放入盐水中煮熟，趁热去皮，然后压成泥。加入有盐黄油和鲜奶油搅拌均匀，撒盐和胡椒粉调味。红薯在盐水中煮熟后剥皮，切成小片。

装盘

1 将捣碎的牛颊肉平均分为两份，将一份铺在耐热容器底部，依次铺入红薯片、土豆泥，然后再铺一次牛肉、红薯片和土豆泥，铺好后共 6 层。

2 将孔泰奶酪丝撒在表面，放入烤箱，200℃烤至表面金黄后取出，趁热食用。

佛兰德、阿图瓦、皮卡第

概况

地理位置	位于法国北部，面朝北海，与比利时接壤。布满绿色植被的平原与平缓的丘陵相连，景色十分怡人。
主要城市	佛兰德地区的主要城市为里尔；阿图瓦地区的主要城市为阿拉斯；皮卡第地区的主要城市为亚眠。
气　候	寒冷，全年干燥，夏季温度较高。
其　他	阿图瓦地区的加来港口停靠着许多前往对岸英国的船只。

特色料理

兔肉梅干馅饼
以兔子的脊背肉和梅干为馅料制成的馅饼。

蒲公英鲱鱼沙拉
用蒲公英和鲱鱼制成的沙拉。

板栗料理
弗兰德地区特色的板栗料理。

康布雷小牛胃猪肠
将小牛的胃和肠磨碎塞入猪肠中制成。

瓦朗谢讷鹅肝
用切成薄片的烟熏牛舌和肥鹅肝制成的西式馅饼。

啤酒贻贝
用啤酒蒸贻贝制作。

佛兰德、阿图瓦和皮卡第地区位于法国最北部，地处法国与比利时的交界处。这三个地区都面向北海，最东侧的佛兰德地区与比利时接壤，西侧的皮卡第地区与诺曼底地区相连。佛兰德、阿图瓦和皮卡第地区的主要城市分别为里尔、阿拉斯和亚眠。这是一个拥有悲痛历史的地区，由于靠近边境线，曾经战火纷飞，民众饱受战乱之苦。但随着经济的发展，这里成为了北海贸易和交通的要道，当地的文化也获得了长足发展。

受邻国比利时的影响深远是当地文化最显著的特征之一。例如，比利时的一种方言弗拉芒语是佛兰德居民的常用语，由此便可以看出比利时语言对佛兰德地区的影响。由于该地不适宜种植葡萄，所以当地居民多饮用啤酒，而非葡萄酒，还盛产啤酒花，人们不仅用其酿造出了美味的啤酒，还制作出各种美味的料理，这也是当地的特色之一。此外，细火慢炖和焖是当地十分流行的料理方法。与比利时的料理相似，这里的料理没有过于复杂的工序，常常给人以简单纯朴的印象。佛兰德地区包括法国北部至荷兰南部的区域，所以其文化在一定程度上也受到了荷兰的影响。

说起当地的特产，北海的鲱鱼、鲥鱼、比

亚眠大教堂建造于13~16世纪，是典型的哥特式建筑。因其极具魅力的装饰和彩绘玻璃而闻名于世，1981年被列入世界遗产名录。

各式各样的线是当地纺织业繁荣的象征。皮卡第地区盛产麻织物，佛兰德地区盛产毛织物。

巴黎到里尔郊区之间经常举办自行车大赛，这里曾有骑手创造出一日骑行260公里的纪录，凹凸不平的石头赛道对长时间骑行的骑手来说是严峻的挑战。

目鱼和扇贝等鱼贝类均十分有名。当地的传统料理之一就是用烘烤、熏制和醋腌的鱼等食材制成的沙拉。阿图瓦地区渔港众多，布伦港是法国渔业产量最高的地方。

佛兰德、阿图瓦、皮卡第地区也种植了许多优质蔬菜，其中最具法国北部特色的蔬菜是菊苣。菊苣带有独特的苦味，当地种植的菊苣苦味更加强烈，无论生吃还是加热都无法消除。当地居民会利用传统耕种方法，将土盖在菊苣上种植。这里还盛产制作砂糖用的甜菜，可以经加工制成红糖。

此外，同与其相邻的诺曼底地区一样，这里也生产各种乳制品。当地生产的优质黄油和奶酪等乳制品经常在料理中使用，其中最具代表性的是马罗瓦勒奶酪。将马罗瓦勒奶酪撒在韭葱饼上，制成弗拉芒马罗瓦勒奶酪饼，与啤酒一同食用风味甚佳。还有一种美莫勒半硬奶酪，表面带有红色斑点，风味独特，是当地有名的特产。据说，由于法国颁布了禁止从荷兰进口奶酪的政策，许多热爱荷兰奶酪的食客吃不到心仪的奶酪，所以就制作出了美莫勒奶酪来替代。

特产

甜菜

当地的甜菜叶、茎和根部都是红色的，分为可食用、用作饲料和加工砂糖 3 种，法国北方多种植加工砂糖的甜菜。

菊苣

菊苣，又称苦苣、布特洛夫（佛兰德语中"白色的叶子"之意），菊科蔬菜，带有独特的苦味。法国各地均种植菊苣，但这里的菊苣植根于广袤的土地中，经过悉心培育，其品质及嫩度都高于法国其他地区。

苹果

当地的苹果种类丰富，有早熟苹果、佛兰德雷伊内特苹果、杰克雷贝尔苹果等，因此盛产西打酒。

牙鳕

鳕鱼的一种，身上带有黄色斑点，体形较小，通常小于 40 厘米。牙鳕的肉为白色，且无臭味。

鲱鱼

鲱鱼脂肪丰富、风味独特，为北海沿岸料理的主要食材。吃法多样，除盐渍、腌泡、熏制外还能炖、烫和烤制。

●奶酪

马罗瓦勒奶酪（A.O.C.）

马罗瓦勒奶酪是用牛奶制作的方盘形奶酪，味道浓烈且具有一定黏度。据说马罗瓦勒奶酪是 1000 年前马罗瓦勒村的一位修道士发明出来的，是法国历史最悠久的奶酪。

美莫勒奶酪

美莫勒奶酪又被称作"里尔之球"，外表为橙黄色，用牛奶制成，顶部和底部为平面的半硬球形奶酪。

●酒

北部加来海峡啤酒

这一地区与比利时相连，主要饮品为啤酒。当地多生产味道醇厚、酒精度数为 6~8 度的啤酒。除北部加来海峡啤酒外，当地的古朗奥尔杰、奇缇、赛普坦特 5 等啤酒都十分有名。

杜松子酒

杜松子酒由谷物（大麦、燕麦、小麦、黑麦）和杜松的果实酿造，略苦又带着香草的香味，是金酒的成分之一。

亚眠运河旁有许多五彩缤纷的半木式住宅，还有许多咖啡厅和餐厅，十分热闹。

阿拉斯位于法国北部，被称为法国北部最美的地方。这里有许多历史悠久的建筑物，其中圣瓦斯特教堂的修道院建于公元 667 年。

佛兰德北部的敦刻尔克是法国为数不多的港口城市之一。钢铁、化学等工业也十分发达，同时还保留着古老且魅力十足的城市景观。

佛兰德烧牛肉

Carbonnade de bœuf à la flamande

这道料理是将牛肩肉发酵数日，提升牛肉的香味后，再倒入当地特产的啤酒焖制而成。用啤酒炖得软烂的牛肉与炒洋葱的甘甜相互融合，令人食指大动，欲罢不能。

用黑麦面包为酱汁增稠，能使料理的口感更加丰富。

材料

牛肩肉 1 千克
洋葱 6 个
黄油或猪油 30 克
小麦粉 2 汤匙
红砂糖 2 汤匙
红葡萄酒醋 2 汤匙

培根 100 克
百里香、欧芹茎、月桂叶、杜松子 各适量
啤酒 300 毫升
盐、胡椒粉 各适量
小牛高汤（详见第 198 页）100 毫升
黑麦面包、芥末 各适量

配菜
焖紫甘蓝（详见第 223 页）、城堡形
土豆块（详见第 222 页）各适量

1 准备发酵数日后成熟的牛肩肉。牛肉煎过后其肉和筋中的蛋白质会使牛肉体积缩小，所以要先将这些含有蛋白质的白筋小心剔除。

2 将牛肩肉切成片或小块，放入方形平底盘中，两面撒盐。

3 锅中放入黄油或猪油，化开且发出噼噼啪啪的响声后放入牛肉片，煎至两面金黄。

4 取出牛肉片，放入盘中。

5 倒出锅中多余的油脂，重新放入黄油或猪油，倒入切成薄片的洋葱翻炒。

6 撒盐后中火继续翻炒，炒出洋葱中的水分，使其与锅中残留的牛肉汤汁融合。洋葱炒软且变为焦黄色时撒入小麦粉，继续翻炒。

7 加入红砂糖炒化，倒入红葡萄酒醋炖煮至酸味消失。

8 准备一口较厚的锅，将一半洋葱铺在锅底，将一半牛肉片放在洋葱上。

9 加入切成条的培根、百里香、月桂叶、欧芹茎和捏碎的杜松子。

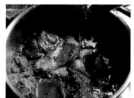

10 将剩余的洋葱和牛肉片放入锅中，倒入啤酒和小牛高汤，中火炖煮。

11 加盐和胡椒粉调味，继续用中火炖煮，煮沸后撇去浮沫。将锅内壁擦净，转小火继续煮10分钟左右。

12 将黑麦面包切成厚度约5毫米的薄片，涂抹适量芥末后摆在汤面上。盖上锅盖，放入200℃的烤箱。

13 调节温度使汤汁保持微微沸腾，加热2小时即可。料理中的黑麦面包吸收了汤汁，变得更加松软可口。

装盘
将烧牛肉放入一个干净的锅中，再将配菜盛入其他容器即可。

皮卡第卷饼
Ficelle picarde

这道料理是用法式薄饼坯将煎蘑菇和火腿卷起，加入奶油酱和奶酪后放入烤箱烤制而成，是皮卡第地区的传统料理，简单而美味。

原版料理使用的酱汁是贝夏美调味酱。

材料（4人份）

法式薄饼面坯	馅料		装饰用奶油
小麦粉 100 克	蘑菇 400 克	黄油 30 克	化黄油 10 克
盐 1 撮	红葱 60 克	肉豆蔻 适量	格吕耶尔干奶酪 80 克
鸡蛋 3 个	意大利香芹 1/2 把	切片巴黎火腿 6 片	法式鲜奶油 150 克
牛奶 200 毫升	浓鲜奶油（详见第 125 页）40 克	法式鲜奶油 100 克	盐、胡椒粉、肉豆蔻 各适量
黄油 30 克	格吕耶尔干奶酪丝 70 克	盐、胡椒粉 各适量	

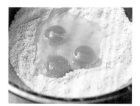

1 制作法式薄饼面坯。将小麦粉倒入碗中，加入适量盐后在面粉中央挖一个小坑，打入鸡蛋。

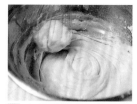

2 充分搅拌至面糊变得光滑。

3 将黄油和牛奶混合，稍稍加温使黄油化开，倒入面糊中，边倒边搅拌。

4 面糊过滤后在室温下静置片刻。

5 中火加热煎锅并加入少许色拉油（材料外），待油热后倒入面糊，晃动煎锅将面糊摊开。

6 煎至两面变色即可。重复步骤5和步骤6，制作出更多薄饼。

7 制作馅料。将黄油放入煎锅中化开，放入切成月牙形的蘑菇。

8 撒盐后转中火，翻炒出蘑菇中的水分，放入切碎的红葱继续翻炒。撒少许胡椒粉，炒匀后盛入盘中散热。

9 将蘑菇和红葱盛入大碗中，加入切碎的意大利香芹、格吕耶尔干酪丝、浓鲜奶油和肉豆蔻搅拌均匀，撒胡椒粉调味。

10 摊开薄饼，放入一片切片的格吕耶尔干奶酪。

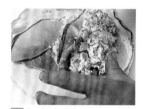

11 加入火腿，将馅料放在靠近自己的一侧。

12 从靠近自己的一侧开始卷，饼卷好后将两侧切齐。

13 将卷饼放入事先涂好黄油（材料外）的盘中，再将装饰用奶油材料混合在一起，涂在卷饼上。

14 整理好奶油的形状，放入180℃的烤箱，烤至表面金黄即可。

马罗瓦勒韭葱奶酪饼

Flamiche aux poireaux et aux Maroilles

这是一道将韭葱和鸡蛋混合，与当地的特产马罗瓦勒奶酪一起塞入法式挞皮面坯中烤制而成的料理。

烤完后直接涂抹黄油，趁热食用。

材料（8人份）

法式挞皮面坯（详见第 217 页）
小麦粉 250 克
盐 6 克
鸡蛋 1 个
蛋黄 1 个
黄油 60 克
水 50 毫升

配菜
韭葱白 500 克
黄油 50 克
马罗瓦勒奶酪 150 克

蛋奶液
鸡蛋 1 个
蛋黄 1 个
鲜奶油 50 克
盐、胡椒粉 各适量

1 将小麦粉和盐混合后过筛。将事先冷藏过的黄油切成小块，与小麦粉揉在一起，使小麦粉呈砂粒状。

2 加入鸡蛋、蛋黄和水揉匀，揉成一团后用保鲜膜包裹起来，放入冰箱发酵（详见第 217 页）。

3 撒少许面粉在案板上，取出面团并擀为两三毫米厚的面坯，铺入模具中，用叉子戳几个小眼，放入冰箱发酵 10~15 分钟。

4 将烘焙纸盖在面坯上，用镇石压住后放入烤箱，160~170℃烤 20 分钟。

5 制作配菜。将韭葱白洗净，纵向一分为二后切成薄片。

6 锅中放入黄油，将韭葱炒软，但不要炒变色。将带皮的马罗瓦勒奶酪切成薄片。

7 制作蛋奶液。将鸡蛋、蛋黄打入碗中，搅拌均匀后加入鲜奶油。撒盐和胡椒粉，然后过滤。

装盘
将配菜和蛋奶液混合拌匀后倒入法式挞皮中，撒入适量马罗瓦勒奶酪，放入烤箱，180℃烤约 15 分钟即可。

安茹、都兰

地理位置	位于法国内陆的中北部，地处卢瓦尔河流域。卢瓦尔河数条支流和田园相互交织，构成了当地美丽的风景。
主要城市	昂热是安茹地区的主要城市，图尔是都兰地区的主要城市。
气　候	全年气候温和，降水较少，适宜居住。
其　他	昂布瓦斯保留着达·芬奇晚年居住过的府邸。

特色料理

热肉酱
将盐渍猪五花肉和猪肩肉切成小块，放入猪油中炖煮而成。

图兰吉尔沙拉
龙蒿、蛋黄酱拌四季豆等制成的沙拉。

葡萄酒炖香肠
用武佛雷葡萄酒炖煮小安杜叶香肠制成。

都兰鳄梨肉酱挞
将肉酱放入都兰挞皮中制成。

黑松鸡炖野蘑菇
以都兰黑松鸡和野蘑菇为主要食材的料理。

葡萄酒炖黑松鸡
用武弗雷葡萄酒炖煮都兰黑松鸡制成的料理。

红酒炖公鸡
用希侬红葡萄酒与公鸡一同炖煮而成。

图尔历史悠久，地处巴黎西南约150公里处。以图尔为中心的区域是都兰地区，其西侧为安茹地区，二者均位于卢瓦尔河沿岸，气候温暖，风景秀丽，有"法国庭园"之称，古代的王公贵族多在此建立别苑。这里拥有众多宏伟壮观的古堡，如舍农索城堡、昂布瓦斯城堡和希侬城堡等，至今仍旧优雅迷人，吸引了众多游客。

卢瓦尔河及其支流流经此地，当地不但风景秀美，食材也十分丰富，如凶猛的鱼类白斑狗鱼等。将白斑狗鱼同香味蔬菜一同炖煮，再搭配奶油酱食用堪称极品，这道料理在周边地区也十分受欢迎。捣碎的白斑狗鱼肉具有一定黏性，所以当地人也用它来制作肉丸。此外，当地还出产鳗鱼和鲤鱼等水产。

卢瓦尔河流域地势平坦、土壤肥沃，盛产芦笋、四季豆、洋蓟、洋李、青梅等多种蔬果。另外，利用其富含石灰质的土壤培育出的野蘑菇也备受人们喜爱，安茹地区的梭缪尔等地是著名的蘑菇产地。除人工种植的作物外，广袤的森林中也不乏好物，有鸡油菌、牛肝菌等野生菌类，还有鹿、兔子、野鸡和野鸭等丰富的野味。

当地饲养的家畜和家禽也十分有名，尤其是都兰地区的黑松鸡。许多农民都在自家院子

舍农索城堡建于卢瓦尔河的支流谢尔河上，其左右两翼分跨在河两岸，就像一座桥，行人可穿过城堡前往对岸。建于16世纪，其水面上的倒影十分迷人。

香波城堡位于都兰地区东部，是卢瓦尔流域内规模最大的城堡。该城堡引入了意大利的建筑工艺，极具文艺复兴时期的艺术风格。

希侬城堡建于河流交汇处，具备防御外敌等多种功能。圣女贞德曾在此地谒见国王。希侬城堡曾荒废了一段时期，经修复后已恢复了昔日风采。

中饲养这种黑色的鸡，通过炖煮等方法来食用。除黑松鸡外，当地还多养殖猪和山羊。用猪肉制成的熟肉酱和热肉酱都是当地的传统料理。熟肉酱是将猪肉煮熟压碎，冷却凝固后制成，热肉酱是用猪背上的油脂炖煮盐渍好的猪肉，煮至其变色而成。据说熟肉酱是诞生于15世纪以前的料理，尽管历史久远，但由于当地人十分重视传统料理和加工食品，因此得以保留至今。当地人多用山羊奶制作奶酪，都兰的白肠也是有着300年悠久历史的传统料理。

安茹、都兰地区生产的葡萄酒也是十分有名的特产。受卢瓦尔河沿岸的石灰质土壤影响，当地的水质适合葡萄生长，加之日照时间长，这里的葡萄更具备得天独厚的生长条件。但同样是石灰质土壤，酿出的葡萄酒口感却大不同：砂石较多的地区酿造的葡萄酒口感清爽，而泥质土壤地区酿出的葡萄酒口感则更加强劲。当地栽培的葡萄品种丰富，主要有白诗南、品丽珠、赤霞珠、佳美等。除饮用外，当地人也经常使用葡萄酒制作料理。

刺菜蓟

主要种植在图尔。其茎可食用，口感与芹菜相似。煮软后加入贝夏美调味酱和奶酪，用烤箱烤制成的脆皮烤菜是当地的传统料理。

野蘑菇

当地人利用较松软的石灰质土壤培育出了各种各样的蘑菇，其中种植规模最大的是在卢瓦尔河断崖培育出的蘑菇。

青梅

成熟于7月下旬至8月上旬的青梅是当地有名的特产。香甜可口、鲜嫩多汁，除了吃生吃，还可以做成果酱、朗姆酒或果味馅饼等甜点食用。

白斑狗鱼

一种食肉的淡水鱼，大型白斑狗鱼身长可超过1米。由于其肉泥带有一定黏度，当地人经常用来制作肉丸。

都兰黑松鸡

都兰黑松鸡中的母鸡十分有名。母黑松鸡体形较小，外表为黑色，雏鸡长有鲜红的鸡冠。这种鸡肉质细嫩、味美鲜香，深受人们喜爱。2001年获得法国红色标签品质认证。

●奶酪

圣莫尔都兰奶酪（A.O.C.）

这是一种利用山羊奶和凝乳酶制成的圆柱形奶酪。为防止其形状破损，在制作时会插入一根麦秆。初期奶酪较为光滑绵软，大约5周后，口感就会变得又干又脆。1990年，该奶酪获得法国A.O.C原产地质量认证。

●酒

希侬葡萄酒（A.O.C.）

希侬葡萄酒是由法国西部的希侬村砂土地培育出的葡萄酿成的葡萄酒，与卢瓦尔河对岸的布尔格伊葡萄酒一样，均获得了法国A.O.C原产地质量认证。这种酒需多年才能成熟，保存时间是卢瓦尔河流域的葡萄酒中最长的一种。

武弗雷葡萄酒

武弗雷葡萄酒产于图尔近郊的武弗雷产区，是由白诗南葡萄酿成的白葡萄酒，口感丰富，是除了索泰尔纳的贵腐葡萄酒外，甜度最高、保存时间最长的甜葡萄酒，每年的产量十分稀少。

从小丘上的教堂到维埃纳河岸边，石头房屋遍布的康代圣马尔坦是法国最美的村庄之一。

昂布瓦斯位于卢瓦尔河沿岸，因查尔斯八世诞生于此而获得迅速发展。城市建筑融合了哥特式和文艺复兴时期的风格，气势宏伟壮丽，世界闻名。

每年6~10月在卢瓦尔肖蒙城堡都会举办国际庭院节，这座城堡因其中一位主人——亨利二世的王后而闻名于世。

白肠配苹果和土豆泥

Boudin blanc aux pommes, purée de pomme de terre

白肠诞生于 300 多年前，原本是当地的传统圣诞料理，现如今已成为受法国各地民众喜爱的食物。
将猪肉和鸡肉绞成细条，与鲜奶油等食材充分融合，入口爽滑，能给人以极致的享受。

材料（6人份）

猪肩肉 250 克
鸡胸肉 250 克
洋葱 1 个
黄油 20 克
小个松露 1 个
面包粉 80 克

鲜奶油 200 毫升
鸡蛋 3 个
波尔图白葡萄酒、盐、胡椒粉、肉豆蔻 各适量
盐腌过的猪肠 1 米

配菜
土豆泥（详见第 221 页）
焦糖苹果（详见第 221 页）

煮汁
水 500 毫升
牛奶 500 毫升
橙花水 * 适量

* 橙花水是将橙花花蕾放入水中煮沸，收集其煮出的水蒸气制成的水，带有特别香气。如果没有可不放。

1 剥去鸡胸肉肉皮并剔除肉中的筋，将猪肩肉和鸡胸肉切成小块，以便于放入绞肉机中。

2 将猪肩肉和鸡胸肉块倒入绞肉机中绞成肉馅，放入硬面包（材料外），压出绞肉机中剩余的肉馅。

3 将洋葱切成细末。

4 煎锅中放黄油，倒入洋葱末翻炒。注意要用小火慢慢翻炒，防止变色。

5 待洋葱末变软后，将其铺在方形平底盘底部，将平底盘放在冰上降温。

6 将松露切碎，使其香味充分挥发。将面包粉泡入鲜奶油中。

7 将肉馅、洋葱末、松露碎、加入面包粉的鲜奶油、鸡蛋、波尔图白葡萄酒、盐和胡椒粉倒入搅拌机中拌匀。每1千克食材放入14~15克的盐和两三克胡椒粉。

8 充分搅拌，使馅料更加光滑细腻。

9 放入肉豆蔻搅拌均匀。取少量肉馅放入铝箔纸中，试烤确认味道。

10 洗净猪肠，套在裱花袋上。将猪肠的另一端打结，将肉馅装入裱花袋中。

11 将馅料慢慢挤入猪肠。为防止肠衣破裂，一边挤一边用手捏肉肠以确认其饱满度。

12 将馅料挤入猪肠后取下裱花袋，将猪肠的另一端打结。每隔15厘米扭转几圈，用棉线绑起来。可用牙签在肠衣上戳几个小眼，防止肠衣破裂。

13 将制作煮汁的材料全部倒入锅中，加热至70~80℃时放入白肠炖煮。

14 煮几分钟至白肠富有弹性时捞出，解开棉线。白肠无论趁热食用还是放凉食用都十分美味。

装盘

将白肠盛入盘中，用焦糖苹果装饰，再将土豆泥盛入另一容器搭配食用即可。

猪肉酱

Rillettes

猪肉酱是将猪肉放入猪油中炖煮、捣碎制成的食品。

诞生于法国，从 15 世纪流传至今。

猪肉酱是非常受欢迎的酱肉制品，常常与面包搭配食用。

购买的猪肉酱通常为冷却状态，出于保存需要，盐味较重。加热猪肉酱时，猪油会漂浮到其表面。

材料（便于制作的量）

猪肋肉 250 克
猪背肉 250 克
白葡萄酒 150 毫升
水 150 毫升
百里香、月桂叶、盐、胡椒粉 各适量
蒜 2 瓣

装盘
法式乡村面包片 适量

1 将猪肋肉和猪背肉分别切成两三厘米见方的小块。

2 将猪肉块放入方形平底盘中，撒入足够的盐（每千克肉放入 14~15 克盐）。

3 将蒜切成两半，拍碎后撒入盘中，再撒少许胡椒粉。因为是冷制品，所以要先调味，且口味需偏重些。

4 用纱布将百里香和月桂叶包裹起来，防止加热过程中散开。

5 将调好味的猪肉块和香料包倒入锅中，加入白葡萄酒和水。盖上锅盖，小火慢炖两三个小时，炖煮过程中需多次搅拌。

6 猪肉块煮至软烂即可。

7 将猪肉块盛入容器中，用搅拌器搅碎，搅拌时加入盐和胡椒粉调味。

8 分次倒入煮肉剩下的汤汁，搅成酱。

9 将猪肉酱盛入容器，静置冷却。食用时与烤法式乡村面包片搭配食用即可。

圣莫尔都兰羊奶酪沙拉

Salade de chèvre chaud Sainte-Maure

使用山羊奶奶酪制作料理是当地的一大特色。

这道料理使用的是圣莫尔都兰羊奶酪，食用时需将奶酪切成厚片，加热后放在长面包上，同沙拉一起食用。

品尝这道料理时，能享受到热奶酪的柔软和沙拉的清爽双重口感，尽享多重美味。

材料（4人份）

菊苣 1 棵
莴苣叶 数片
圣莫尔都兰奶酪 * 1 条
培根 100 克

沙拉调味汁
花生油 2 汤匙
白葡萄酒醋 6 汤匙
胡椒粉 适量

切片长面包 8 片
细香葱 1 把

* 没有圣莫尔都兰奶酪时可选取其近邻贝里地区产的沙维尼奥尔羊奶酪。制作4人份沙拉时需准备4块沙维尼奥尔羊奶酪，使用时将其横向切开。

1 将奶酪切成厚片，培根切薄片，用培根片包裹奶酪片，放入烤箱，180℃烤至培根片变色。

2 制作沙拉调味汁。将制作沙拉调味汁所需的食材全部倒入碗中，用打蛋器搅拌均匀。

3 将菊苣和莴苣叶撕成适口大小，与沙拉调味汁和切碎的细香葱拌匀，盛入盘中。

4 将面包片放在蔬菜沙拉上，再把培根奶酪卷放在面包片上即可。

索洛涅、贝里

概况

地理位置	位于法国中部。其北部地处卢瓦尔河流域中部，地势较低，湿地众多；南部靠近法国中部高原，为丘陵地带。
主要城市	索洛涅地区的主要城市为罗莫朗坦－朗特奈，贝里地区的主要城市为布尔日。
气　候	全年温暖，夏季多晴天。
其　他	索洛涅的拉莫特博弗隆是法式苹果挞的发源地。

特色料理

法式土豆派
将土豆盖在面坯上制成的派。

荨麻汤
用荨麻制成的汤品。

布尔日红酒羊肾
香煎羊肾后加入红葡萄酒炖煮制成。

贝里班戟
用土豆泥烤制而成的法式薄饼。

贝里砂锅炖肉
将羊肩肉、小牛腿肉等放入锅中炖煮而成。

勒伊珍珠鸡
在珍珠鸡腹内塞满食材，再倒入葡萄酒炖煮而成。

贝里牛奶炖小麦
用牛奶炖煮未成熟的小麦制成的粥状料理。

索洛涅、贝里地区位于法国中部，巴黎正南方。其中，索洛涅地区邻近卢瓦尔河，湿地、森林众多，著名的法国甜点法式苹果挞便发源于此。贝里地区位于索洛涅地区以南，这里田园广布，如诗如画，引人入胜。贝里地区的主要城市是布尔日，在中世纪时是法国的首都。布尔日拥有如布尔日大教堂和美丽的玻璃彩画等众多世界遗产。

索洛涅、贝里地区气候温暖，自然条件优越，农作物种类十分丰富。其中产量最高的当属绿兵豆。当地产的兵豆品质优良，世界闻名，多用于出口，其出口量占法国兵豆出口总量的80%。绿兵豆可与火腿或奶酪搭配食用，也可以制成沙拉等料理，做汤时也大多会加入这种豆子。汤料理是当地的主要料理，除了可以加入绿兵豆外，还可以放入南瓜、西葫芦和洋葱等当地产的蔬菜。有人将当地用蔬菜制成的料理称为贝里料理，实际上是指用焖煮的甘蓝、培根和牛肉汤炖洋葱搭配制成的料理，通常与肉料理搭配食用。

这一地区森林广袤，盛产如普尔契尼香菇、羊蹄菇等菌类，野兔、野鹿、野鸡和野鸭

索洛涅地区沼泽众多，有约3200片沼泽。这里被称为自然宝库，不仅生长着多种植物，还有众多野生鸟类在此过冬。

布尔日被称为艺术和历史之都，拥有许多历史悠久且宏伟壮观的建筑，如布尔日大教堂和中世纪资本家雅克·柯尔的府邸等。

等野味，这里的河鱼、胡桃、蜂蜜等也十分有名。此外，这里还多饲养家畜和家禽。饲养最多的是印有当地徽章的羊，在许多料理中都可以看到这种羊的身影，如后文中的"七小时炖羊羔腿"。当地的羊肉、牛肉、猪肉等各种肉类都可以与香味蔬菜一起炖煮，制成不同风味的传统料理。炖煮菜是索洛涅、贝里地区的特色，不同食材的香味和营养互相融合，既简单又美味。在制作家禽类食材时，当地人大多会在其煮熟后加入用血制成的酱汁，被称为"巴尔布耶料理"。

与都兰等卢瓦尔河流域的其他地区一样，这里主要生产以山羊奶为原料的奶酪。例如已获得法国 A.O.C 原产地质量认证的沙维尼奥尔羊奶酪和瓦朗塞奶酪等。虽然土地面积狭小，葡萄田较少，但也生产了许多具有卢瓦尔河流域特色的优质葡萄酒，例如桑塞尔白葡萄酒等。这里生产的葡萄酒品质优良，获得了法国 A.O.C 原产地质量认证和 V.D.Q.S 优良地区餐酒认证。

特产

贝里绿兵豆
1996 年，晒干的绿兵豆首次获得了法国红色标签品质认证。这种豆子带有栗子般的香甜味道，可放入汤中，也可制成沙拉，食用方法多样。

贝里南瓜
这是一种重 1~3 千克、直径 12~15 厘米、长度 15~25 厘米的球形南瓜，果肉为亮橙色，柔软甘甜，具有浓厚的香味，可用于制作法式奶汁干酪菜、浓汤和果酱等。

贝里羊
这是一种盛产于贝里地区，印有当地徽章的羊。七小时炖羊羔腿是当地极具代表性的特色料理。

布雷讷蜂蜜
拥有广袤森林的贝里地区盛产品质优良的蜂蜜，如来自南部布雷讷自然公园的布雷讷蜂蜜和北部的加蒂奈蜂蜜。

●奶酪

普利尼-圣皮埃尔奶酪（A.O.C）
普利尼-圣皮埃尔奶酪是以山羊奶为原料制成的软质奶酪。外形为细长的白色金字塔形，光滑细腻，没有涩味，全年都可生产。

瓦朗塞奶酪（A.O.C）
瓦朗塞奶酪是以山羊奶为原料制成的、含有水分的软质奶酪。其表面呈灰色，内部为白色，口味清淡，熟成后味道更像奶油。生产时间为春季至夏季。

●酒／葡萄酒

桑塞尔白葡萄酒（A.O.C）
桑塞尔白葡萄酒产于谢尔省内桑塞尔附近，品质极佳，1936 获得法国 A.O.C 原产地质量认证后，开始生产红色和玫红色的葡萄酒。主要有阿方斯·米洛特和克罗谢等酒庄。

勒伊葡萄酒（A.O.C）
勒伊葡萄酒的原料来自勒伊近郊 7 个市县的葡萄田。1937 年生产的白葡萄酒获得法国 A.O.C 原产地质量认证，1961 年生产的红葡萄酒和玫红葡萄酒也获得了该认证。主要有玛尔东酒庄等。

桑塞尔位于布尔日东侧，邻近卢瓦尔河。建于 12 世纪，规模不大，传统风格的房屋紧紧环绕在其周围，丘陵地带分布着葡萄田。

贝里地区的梅扬城堡外表有火焰装饰，是哥特式火焰建筑的杰出代表。1473 年，昂布瓦斯家族主持建造了这座城堡。

被称为卢瓦尔河谷的索洛涅地区地势较低，盛行狩猎活动。19 世纪，拿破仑三世在这里进行了农业改革。

57

复活节鸡蛋馅饼

Pâté de Pâques à l'œuf

这是在春天为庆祝复活节而制作的料理，切开馅饼便可露出中间象征耶稣复活的鸡蛋。虽然法国各地都会制作复活节馅饼，可贝里地区的馅饼被称为"世界主宰"，十分有名。

材料（6人份）

千层酥面坯（详见第218页）约500克

馅料
猪瘦肉 200克
猪颈肉 250克
蘑菇 150克

洋葱 150克
黄油 20克
面包粉 60克
牛奶 60毫升
巴黎火腿 100克
欧芹碎 2汤匙
百里香 1茶匙
盐、胡椒粉 适量

鸡蛋 8个

蛋液
鸡蛋 1个
蛋黄 2个

马德拉酱（详见第201页）适量

1 蘑菇洗净并擦干水分。洗之前可将柠檬汁（材料外）涂在蘑菇表面，防止其变色或吸水，并保留味道。

2 小火热锅，放入黄油，倒入切碎的洋葱翻炒片刻。洋葱炒软后，加入切碎的蘑菇。

3 将蘑菇炒出水分，在变色前捞出，铺入方形平底盘并隔冰水降温。冷却后包裹保鲜膜，放入冰箱冷藏。

4 将猪瘦肉和猪颈肉切成小块，掺入适量猪脂肪后倒入搅拌机中搅成肉泥。

5 将牛奶与面包粉混合并搅拌均匀。若没有面包粉，可将面包撕碎代替。

6 馅料与盐和胡椒粉的比例为每千克馅料放约 15 克盐和两三克胡椒粉。可凭喜好加入百里香叶（图中为 1 茶匙的量）。

7 将炒好的蘑菇、洋葱、猪肉泥、面包粉、盐、胡椒粉、1 厘米见方的巴黎火腿块和欧芹碎混合揉匀。

8 将鸡蛋煮熟，切下两端，露出蛋黄。

9 将千层酥面坯平均分为 2 份，擀至厚度为两三毫米，放入冰箱发酵。将馅料捏成 12~15 厘米宽、30 厘米长的肉块，放在面坯中央。

10 在肉馅中掏出一条小沟，将煮熟的鸡蛋放入小沟中。用肉馅将两端和上部封好，整理形状。

11 肉馅四周各余出四五厘米的面坯，切除多余的面坯，刷上蛋液。

12 将另一片千层酥面坯盖在肉馅上，整理好形状，使其与肉馅紧密贴合。

13 将蛋液涂在面坯表面，放入冰箱静置 30 分钟。取出后再涂抹一层蛋液，切除馅料四周多余的面坯，边缘余 2 厘米即可。

14 用叉子或小刀按压，将上下两片面坯的边缘紧紧压在一起。放上切下的面坯作为装饰，放入烤箱，180℃烤约 40 分钟。

装盘
将馅饼盛入盘中，再将马德拉酱装入另一容器，搭配食用即可。

七小时炖羊羔腿

Gigot d'agneau de sept heures

七小时炖羊羔腿是贝里地区的传统料理，用整条羊羔腿制成，制法简单却非常美味。

猪背肉上的油脂渗入羊腿中，使羊羔肉更加鲜嫩多汁。再放入香味蔬菜，小火炖煮至羊肉软烂。

据说，最初这道料理是在面包店打烊后，用烤面包炉制作而成的。

材料（8人份）

羊羔腿 1根
猪背脂肪 200克
猪皮 400克
胡萝卜 3根

带皮蒜 1头
番茄 2个
小牛高汤 1升
水 适量
白葡萄酒 500毫升

科涅克酒、橄榄油、色拉油、黄油、百里香、月桂叶、盐、胡椒粉 各适量

1 剔除羊羔腿根部的骨头，沿着骨头切开羊腿肉。

2 切至关节时，拧下关节并抽出骨头。

3 剔除羊腿表面多余的皮和脂肪。

4 将猪背脂肪切成约1厘米宽的细条，用橄榄油、盐和胡椒粉抹匀。

5 将脂肪条装入拉尔德铁扦（法式料理中专门用来将脂肪塞进瘦肉的扦子）。

6 沿着羊腿向羊蹄方向插入铁扦。

7 每隔3~5厘米插入1条脂肪并撒少许食盐。这种烹饪方法称作"拉尔德"，是将动物脂肪插入油脂较少的瘦肉中，使其更加多汁。

8 将色拉油和黄油放入煎锅，小火至中火加热后放入羊羔腿煎制。

   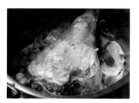

9 去除煎制过程中渗出的油脂，羊羔腿表面变色后取出，沥去油分。

10 锅中倒入适量色拉油和黄油，放入切小块的胡萝卜和对半切开的蒜小火翻炒，加入百里香和月桂叶，继续翻炒至蔬菜变色后盛出。

11 将处理干净的猪皮摆入炒蔬菜的锅中。

12 将蔬菜和羊羔腿放回锅中，淋科涅克酒后再倒入白葡萄酒，稍煮片刻以去除酒中的酸味。

13 倒入去子并切成小块的番茄、小牛高汤、盐和胡椒粉，煮至汤汁沸腾后撇去浮沫。小牛高汤需没过羊羔腿的2/3。煮沸后关火，放入烤箱中，150℃烤制7小时。烤制过程中肉的表皮变干时可浇上少许肉汤。

14 烤好后取出羊腿肉，包裹一层保鲜膜后放在温暖的地方静置。

15 制作酱汁。过滤煮剩的汤汁，煮至有一定黏度后，加盐和胡椒粉调味。

装盘
将羊羔腿盛入盘中，加少许百里香和月桂叶（材料外）装饰。可将酱汁浇在羊腿上，也可盛入其他容器中搭配食用。

野鸭肉馅饼

Paté de colvert en croûte

索洛涅、贝里地区是法国屈指可数的谷仓地带，在这里还能捕获众多野味，有许多用小麦粉和野味制成的经典美味。

这道料理的制作方法十分简单。先剔下野鸭肉，掏出内脏，将内脏和鸭肉绞成肉馅，再用法式挞皮面坯将肉馅包裹起来烤制即可。

样式丰富的装饰令食客在享受美味的同时还能欣赏其美妙的外形。

材料（长约 25 厘米的法式馅饼模具的量）

法式挞皮面坯（详见第 217 页）

小麦粉 375 克
淀粉 125 克
盐 10 克
黄油 200 克
蛋黄 125 克
水 80 毫升

白葡萄酒醋 适量

馅料

野鸭肉带心、肝、肺 600 克
（1.5~2 只）
猪瘦肉 160 克
猪背脂肪 150 克

鸡蛋 2 个
盐 15~18 克（每千克肉）
胡椒粉 3 克（每千克肉）
科涅克酒 1 汤匙
杜松子、鲜奶油 各适量

蛋液

鸡蛋 1 个
蛋黄 2 个

1 处理野鸭（详见第205页），剥去鸭皮并剔除鸭胸肉和鸭腿肉上的骨头，剔除多余油脂。将所有鸭肉和猪肉一起称重，计算出所需盐和胡椒粉的量。

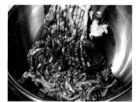

2 将鸭肉、猪瘦肉和猪背脂肪一起倒入绞肉机中绞成肉泥。

3 将肉馅盛入碗中，加盐、胡椒粉和科涅克酒搅拌均匀。打入一枚鸡蛋，搅匀。

4 加入鲜奶油和敲碎的杜松子，再次搅拌均匀，制成肉泥。

5 取少量肉泥放在铝箔纸中，包裹起来在烤箱烤制片刻，品尝味道并调整咸淡。

6 制作法式挞皮面坯（详见第217页），将面坯按照1/3和2/3的比例分成两份。

7 撒少许面粉在大份的面坯上，将其擀至厚度约为3毫米。将法式馅饼的模具放在面坯上以确定面坯的大小。

8 将面坯的四边切成三角状，以便放入模具。

9 将黄油（材料外）涂在模具内侧，放入面坯。

10 放入馅料后切下模具边缘多出的面坯，仅余2厘米即可。

11 将另一份面坯擀至厚度约2毫米，盖在模具上。四边余出2毫米后，切除多余面坯。

12 在面坯边缘涂抹蛋液，按压紧两块面坯。

13 在面坯边缘刻出线条进行装饰。

14 在面坯上戳几个孔，将剩余的面坯作为装饰，涂抹蛋液后放入冰箱，稍变硬后放入烤箱，先230℃烤10分钟，然后180℃烤1小时10分钟。烤完馅饼内的温度约为70℃。

装盘
冷却后，将馅饼从模具中取出即可。

巴尔布耶炖公鸡
Coq en barbouille

"巴尔布耶"是用红葡萄酒炖煮鸡肉或兔肉，再加入鸡血或猪血熬成酱汁浇在食材上，是索洛涅、贝里地区的传统料理方法。

小火慢炖，将肉质较硬的公鸡肉逐渐炖软，使香味慢慢散发出来。

这道传统料理通常会搭配糖渍小洋葱、心形炸面包丁一起食用。

材料（6 人份）

公鸡 1 只
蒜 2 瓣
培根 200 克
香草束 1 束
科涅克酒、小麦粉 各适量
红葡萄酒 1 升
鸡血（或猪血）30~40 毫升
盐、胡椒粉、色拉油、黄油 各适量

配菜
糖渍小洋葱（详见第 221 页）15 个
香煎培根（详见第 218 页）100 克
香煎蘑菇（详见第 224 页）10 朵
炸面包丁
　面包片 4 片
　澄清黄油 适量

1　处理公鸡（详见第 204 页），鸡胸肉和鸡腿肉撒盐备用。

2　煎锅中放色拉油和 20 克黄油，中火加热后放入鸡肉，煎至表面变硬后捞出。

3　煎锅中放入 20 克黄油、蒜和切成条的培根，翻炒片刻后，将鸡肉回锅。

4　撒入小麦粉炒匀。

5　淋入科涅克酒和红葡萄酒，将香草束放入锅中。煮至汤汁沸腾后撇去浮沫，加盐和胡椒粉调味。将整个锅放入烤箱，180℃烤制 1 小时。

6　将剩余的汤汁过滤后熬至浓稠，可以粘住汤匙即可。

7　将鸡血或猪血倒入碗中，边倒边用搅拌器搅匀。倒入锅中与浓稠的汤汁混合，加盐和胡椒粉调味。

8　过滤汤汁，放入黄油增加黏稠度，可凭喜好放入科涅克酒。将鸡肉放入汤汁中加热，由于汤汁沸腾后其中的血液会凝固，口感将变差，因此加热时注意不要令汤汁沸腾。

装盘
将鸡肉盛盘，放入糖渍小洋葱、香煎培根、香煎蘑菇以及用澄清黄油炸好的心形面包丁装饰。

普瓦图-夏朗德

概况

地理位置	位于法国西部、大西洋沿岸。卢瓦尔河流经北部，南部有吉伦特河。主要分为近海和内陆两部分，近海地区包括 4 个岛屿，内陆地区包括森林和丘陵地带。
主要城市	普瓦图地区的主要城市为普瓦捷，夏朗德地区的主要城市为拉罗谢尔。
气　候	近海地区为海洋性气候，冬季也较温暖。内陆地区较凉爽。
其　他	海岸线绵长，浅滩较多，是著名的疗养胜地，备受游客喜爱。

特色料理

夏朗德菜卷
将盐渍猪肋肉和香草混合制成馅料，塞入甘蓝中，放入肉汤煮熟。煮好后放置半日，控出水分，放凉食用。

五花肉卷生蚝
五花肉卷生蚝烤串，每串有 3 卷。

鲁瓦扬咸味饼
将用盐腌渍了 24 小时的沙丁鱼放在面包上，淋少许柠檬汁制成。

夏朗德炖鱼
用加入了香辛料和夏朗德葡萄酒的肉汤炖煮鲈鱼、鳗鱼和小鳐鱼等制成。

昂古莱姆葡萄酒炖牛肚
将牛的第一个胃、第三个胃、小牛蹄与番茄、蒜、插入丁香的洋葱和红葱一起用白葡萄酒炖煮而成。

皮尔酱
将猪肺、猪肝与香辛料一同炖煮制成。

普瓦图-夏朗德地区位于法国西部，地处卢瓦尔河和吉伦特河之间。其地理环境多样，西起雷岛、奥莱龙岛等大西洋沿岸地区，东至森林与丘陵相连的内陆地区。这里有许多世界闻名的城市，如与科涅克蒸馏酒同名且为科涅克酒发源地的科涅克，古罗马时期成为法国与伊斯兰国家战场的普瓦捷等。

夏朗德的部分区域面向大西洋，主要城市为拉罗谢尔，因渔业而闻名。中世纪时期，这里生产的盐和葡萄酒被大量出口至其他国家，如今这里尽管不再繁华，但作为前往雷岛的重要通道，地理位置仍然十分重要。说起当地的特产，不得不提到海鲜。这里盛产各种鱼类和甲壳类海鲜，其中最有名的是人工养殖的生蚝和贻贝。尽管雷岛地区盛产优质的天然海盐，但却几乎没有什么自然海产。雷岛的平原地区旱田广布，主要种植土豆等农作物。靠近陆地的地区多产蔬菜，如甘蓝、白芸豆、红葱等。另外，其番红花产量是欧洲最高的。这里河流中的淡水物产也十分丰富。

沿着夏朗德向内陆地区延伸，穿过科涅克，就是因块菌而出名的佩里戈尔。位于夏朗德北部与佩里戈尔相邻的是普瓦图地区。普瓦

拉罗谢尔老港保留着众多历史悠久的建筑，如曾经用以防御的圣尼古拉塔、铁链塔以及名为灯笼塔的灯塔等。

夏朗德近海地区有一道叫做"火焰贻贝"的料理，非常有名。是将贻贝排列成圆形，上方铺一层干枯的松叶，点燃后慢慢烟熏而成。

马雷讷盛产克莱尔菲讷生蚝。这种生蚝需先在海水中养殖，随后再引入养殖场人工培养，成熟时会变成绿色。

图地区毗邻旺代和都兰地区，散落着大大小小的湖泊和沼泽，风景优美、引人入胜。这里坐落着诸多著名的村庄，如生产优质艾许黄油的艾许村，因栽培欧白芷而闻名的约尔村等。普瓦图地区盛产野兔，据说法国经典传统料理红酒焖野兔肉便起源于此。但是，这里的野味以及人工饲养的牛、猪、鸡和蜗牛并不单属于普瓦图地区，换句话说，上述特产是整个普瓦图–夏朗德地区共有的。

普瓦图–夏朗德地区的黄油和奶油均十分出名，其品质之高可与诺曼底地区的乳制品相媲美，但这里只有羊奶制作的几种奶酪。在葡萄酒方面，虽然当地与波尔多地区相邻，但生产的葡萄酒却不多。当地的白葡萄酒较为受欢迎，一部分白葡萄酒可经蒸馏后放入木桶，发酵制成科涅克酒，还有一部分制成科涅克酒后，与葡萄汁混合制成夏朗德皮诺葡萄甜酒。使用这些酒制作的当地料理魅力十足，不仅外表华美，香味也十分迷人。

卡堡丁甜菜
一种细长的圆锥形甜菜。表皮为黑色且较为粗糙，果实呈鲜红色，甜度非常高，通常产于夏季至秋季。

马雷讷–奥莱龙生蚝
一种人工养殖的生蚝，产于吉伦特河口北部的马雷讷–奥莱龙。其肉质细嫩，外表为绿色。当地利用盐田中盐度较低的水，注入鱼塘来养殖生蚝。

欧白芷
伞形科植物，具有浓烈的香味，从前作药用，现在也可当作香草食用。欧白芷使用方法多样，可将其茎用糖水煮，也可放入料理中增添香气。

雷岛土豆（A.O.C）
雷岛地势平坦、旱田广阔，种植了许多土豆。这里的土豆品种繁多，有阿尔克玛利昂土豆、罗斯瓦尔土豆等，质优味美，获得了法国 A.O.C 原产地质量认证。

夏朗德黄油（A.O.C）
夏朗德黄油是以现挤的鲜牛奶为原料，制作当天即上市出售的优质黄油。其香味同欧洲榛子相似，主要产地为拉罗谢尔近郊的谢尔吉雷等地。

● 奶酪

钟形奶酪
以山羊奶为原料、发酵两周以上制成。这种奶酪较硬，散发着浓烈的味道，成熟后表面会长满黑色的霉菌。

● 酒

夏朗德葡萄酒
该葡萄酒的产地位于卢瓦尔河和吉伦特河之间，产量较少但品质极佳，80% 为白葡萄酒，这种酒未酿成熟便可饮用，但这时的葡萄酒酒精浓度较低。

科涅克酒
科涅克酒产于与其同名的科涅克，是以白葡萄酒为原料制成的白兰地酒。将白葡萄酒蒸馏 3 次，然后放入橡木桶发酵至少 3 年才能制成。

夏朗德皮诺酒
将科涅克酒倒入葡萄汁中，发酵完成后移入橡木桶制成的甘甜果酒。主要分为口感清爽的白葡萄酒和带有果香的玫红葡萄酒。

公元 16 世纪，弗朗索瓦一世出生在科涅克，这座城市是依靠夏朗德河进行盐贸易逐渐发展起来的。如今，因白兰地酒而世界闻名。

连接雷岛与拉罗谢尔的大桥架在浅滩上，长约 2.9 千米，1988 年竣工并投入使用。

炖填馅鳟鱼配黄油甘蓝

Truite farcie braisée au Pineau des Charentes, embeurrée de chou

将蘑菇塞入鳟鱼腹中焖制，汤汁吸收了食材的美味。用科涅克酒制成的当地特产夏朗德皮诺酒加入鲜奶油，充分混合制成酱汁。

浅白色的鳟鱼肉搭配鲜美的蘑菇，佐以香浓的酱汁，鲜香味美，可谓料理之极品。

材料（4 人份）

鳟鱼（每条 220~250 克）4 条
切碎的红葱 2 个
鱼高汤（详见第 199 页）150 毫升
夏朗德皮诺酒* 150 毫升
鲜奶油 200 毫升
黄油 50 克
盐、胡椒粉 各适量

*将科涅克酒倒入葡萄汁中发酵制成，为夏朗德地区特产。

馅料
蘑菇（北风菌、平菇、鸡油菌、灰树花、蕈菌）共 400 克
红葱碎 100 克
黄油 30 克

细香葱 1/2 把
盐、胡椒粉 各适量

配菜
装饰用蘑菇（详见第 225 页）
胡萝卜 1/3 根
香芹叶 适量
黄油甘蓝丝（详见第 224 页）

1 制作馅料。将蘑菇切碎或撕成适口大小。锅中放黄油，加入蘑菇翻炒。

2 蘑菇变软后加入红葱碎大火翻炒，加盐和胡椒粉调味，然后放入切碎的细香葱继续翻炒。

3 步骤2中的食材炒好后盛入方形托盘，隔冰水降温，冷却后包一层保鲜膜。

4 将纸巾塞入提前处理好的鳟鱼（详见第213页）腹中，仔细擦干水分。

5 摊开鱼腹，撒盐和胡椒粉，并将步骤3中的食材塞入。涂少许黄油（材料外）在方形托盘中，摆上填满馅料的鳟鱼。

6 将鱼高汤和夏朗德皮诺酒倒入托盘，至鱼身的1/3处即可。

7 在烘焙纸内侧涂抹黄油（材料外），盖在托盘上，放入烤箱，180℃烤制20分钟。

8 过程中需不时将盘中的汤汁淋在鱼身上。

9 用铁扦戳入鱼身，如果能轻松拔出，就可以盛出鳟鱼，移入铺有沥水网的托盘中，放在温暖的地方。剩余汤汁备用。

10 趁热剥去鳟鱼皮。

11 用刀刃小心地刮去鳟鱼身上暗红色的肉。

12 过滤剩下的汤汁，倒入锅中大火炖煮。汤汁沸腾后撇去浮沫，转小火继续炖煮。

13 汤汁剩余原来一半时，倒入少量夏朗德皮诺酒（材料外）和鲜奶油提香，边加热边轻轻搅动，使其慢慢变浓稠。

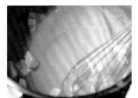

14 加入黄油增加其黏稠度，放盐和胡椒粉调味。最后再次过滤，制成口感爽滑的酱汁。

装盘

将鳟鱼盛入盘中，淋上酱汁。将切成薄片的胡萝卜和香芹叶摆在装饰用蘑菇上，做成眼睛的样子，放在鱼眼位置。最后将黄油甘蓝丝盛入其他容器，搭配食用即可。

夏朗德风味炖蜗牛

Cagouille à la charentaise

夏朗德风味炖蜗牛是夏朗德地区的特色料理，用被称为"卡古耶"的法式蜗牛为主要食材，同蒜和黄油一同翻炒，然后加入番茄炖煮而成。

用土豆作容器，待蒜和番茄的香味充分渗入蜗牛肉后，将蜗牛盛入其中即可。

材料（4人份）

法国蜗牛 24 个
洋葱 60 克
红葱 1 个
蒜 1 瓣
番茄 4 个
香草束 1 束
黄油、科涅克酒、盐、胡椒粉 各适量

土豆 4 个
澄清黄油 适量

配菜
土豆 2 个
澄清黄油 适量
生培根片 100 克

烤番茄片* 适量

沙拉
野莴苣、菊苣、甜菜叶 各适量

＊将番茄带皮切成极薄的圆片，放入烤箱，50℃烤至干燥。

1 用热水浇淋番茄，去皮和子后切碎。

2 锅中放入黄油加热，倒入切碎的洋葱炒至变软，倒入切碎的西红柿。

3 另起一锅放入黄油，待黄油化开后放入法国蜗牛煎制。

4 蜗牛煎好后倒入切碎的红葱和蒜翻炒，撒少许盐和胡椒粉。

5 充分炒匀后倒入科涅克酒，点燃火烧。

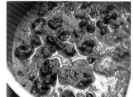

6 连同汤汁一起倒入步骤 2 的锅中，待番茄的味道充分渗入蜗牛肉后，转小火炖煮。

7 土豆切成厚两三厘米的片，将中间挖空，放入盐水中煮至半熟，捞出控干水分。锅中倒入澄清黄油，放入煮好的土豆，煎至变色，制成容器。

8 将配菜中的土豆切成极薄的圆片（详见第216页），放入澄清黄油中裹一层黄油。

9 在烤盘上铺一层烘焙纸，将切好的土豆片呈鱼鳞状摆在上面。

10 再取一张烘焙纸盖在上面，放入烤箱，150℃烤至变色。

11 待土豆片变色后取出，修整形状。

12 将生培根片摆在铺了烘焙纸的烤盘上，再盖一张烘焙纸并放入烤箱，150℃将油脂烤出，培根片变脆时取出，铺在沥油网上冷却。

装盘
将土豆制成的容器盛盘，塞入蜗牛肉。放上撕成适口大小的沙拉蔬菜、烤土豆片、烤培根片和烤番茄片。

填馅竹蛏

Couteaux farcis

竹蛏是一种外表细长的贝类。

用白葡萄酒蒸后取出竹蛏肉，与大量黄油和香草混合匀后放回壳中，撒面包粉烤出香味。

鲜美的竹蛏肉搭配浓郁的黄油，简单美味又魅力十足。

材料（8人份）

竹蛏 1 千克
红葱 1 个
百里香 1 枝
白葡萄酒 适量

香草黄油
黄油 250 克
红葱 1 个
蒜 3 瓣
欧芹 25 克
香芹 15 克
榛子粉 15 克
芥末 1 汤匙
盐、胡椒粉 各适量

面包粉 适量

1 将竹蛏洗净，放入盐水中浸泡一晚，去除其中的泥沙。

2 锅中放入黄油（材料外），倒入切碎的红葱和百里香快速翻炒。

3 放入竹蛏，倒入白葡萄酒，盖上锅盖小火焖。

4 待竹蛏开口且蛏肉富有弹性时捞出，取肉切碎。

5 制作香草黄油。将黄油、切碎的红葱、蒜、欧芹、香芹、榛子粉、芥末、盐和胡椒粉放入搅拌机中，充分搅拌均匀。

6 混合竹蛏肉和香草黄油，拌匀。

7 将竹蛏肉放回壳中，占竹蛏壳的 2/3 即可，撒少许面包粉。

8 将竹蛏摆在烤盘上，可事先将折出褶皱的铝箔纸铺在烤盘中防止滑动。放入烤箱，180℃烤至表面金黄即可。

9 装盘。

波尔多

概况

地理位置	位于法国西南部，大西洋沿岸。其北部加龙河河口附近为田园，南部为广阔的森林。
主要城市	波尔多。从巴黎乘坐高速铁路只需3小时即可到达。
气候	全年温暖，夏季气温较高。
其他	波尔多是法国大革命时期吉伦特派的据点。

特色料理

波尔多红葡萄酒鳗鱼饭
用波尔多葡萄酒炖煮鳗鱼和韭葱制成。

绿酱烤西鲱鱼
烤制的西鲱鱼，再刷一层绿酱制成。

葡萄酒炖牛肋骨
洛克福风味的苏玳葡萄酒炖巴扎戴镇产牛眼肉。

波雅克小羊羔炖竹笋
用白葡萄酒炖煮波雅克小羊羔和竹笋制成。

牛肝菌汤
用牛肝菌制成的汤品。

烤猪肚
用蒜和新鲜胡椒制成的烤猪肚。

考尔德兰炖蜗牛
将蜗牛、生火腿和白葡萄酒一同炖煮制成的料理。

波尔多地区位于法国西南部，地处大西洋沿岸的阿基坦盆地，是世界著名的葡萄酒产地。加龙河和吉伦特河流经这里，几块规模较大的葡萄园沿这两条河分布，紧紧相连，几乎遍布整个波尔多。波尔多拥有7000多座酒庄，有57种葡萄酒获得了法国A.O.C原产地质量认证。波尔多不仅是著名的葡萄酒产地，还是重要的大西洋贸易港口。12世纪，英国领主为了向本国运送葡萄酒，在此建立了港口，此后，波尔多便作为港口城市迅速发展了起来。波尔多港沿加龙河建造，其形状为月牙形，故该港口也被称为"月之港"。港内有许多历史悠久的美丽建筑，部分建筑已被收入世界遗产名录。

说起波尔多地区的特产，葡萄酒是必不可少的。除葡萄酒外，还有阿卡雄海湾的生蚝。阿卡雄是法国为数不多的生蚝养殖地之一，这里的许多饭店都出售新鲜生蚝。波尔多海岸地区盛产各种鱼贝类，河流中也可捕获新鲜的鱼类。内陆地区的土壤不适合种植蔬菜，农作物种类较少，但有许多饲养家畜的农舍，盛产肉

建于19世纪初期的玛歌酒庄位于波尔多北部，是波尔多地区最优秀的葡萄酒庄之一。

皮埃尔桥位于波尔多地区中部，19世纪奉拿破仑之命建造，横跨加龙河，已开通了路面电车。

牛、肉羊和猪等优等肉质的家畜。当地还饲养鸭子和鹅，优质的鸭肝和鹅肝也十分有名。波尔多地区的传统料理一般是将这些肉类制成蒜香口味，或用葡萄酒炖煮入味。此外，当地有一种被称为"马古雷"的鸭肉，实际上就是去掉鸭肝后的鸭胸肉，当地的许多特色料理中都会出现这种鸭胸肉。

波尔多地区曾一度水源稀少，遍地荒野，直至近代植树造林才慢慢有所改善，如今森林覆盖率已达70%。广阔的森林为当地带来了丰富的食材，如松露、牛肝菌及各种各样的野味等，这些都是波尔多地区料理中不可或缺的食材。

波尔多地区是规模较大的葡萄酒产地，土地大多用来种植葡萄，土地上尽是耕田的马匹，因为缺少牛和山羊的饲养空间，所以这里无法产出奶酪。虽然如今葡萄酒厂已经不依赖马匹耕地，而是使用更方便快捷的机械，不过酿造葡萄酒时依然使用传统制法。

马克洋蓟
产于法国北部马克岛的洋蓟。每个重 500~800 克，比其他地区产的洋蓟大一圈。

牛肝菌
一种菌伞较圆、菌柄粗壮的大个野生蘑菇。香味浓郁，产量稀少。

波雅克饮奶小羊羔
一种出生 30~40 天的小羊羔，产于波尔多北部的波雅克。肉质柔软细嫩，多售于早春时节。

蒜苗
一种外表与嫩韭葱相似的绿色大蒜幼苗，当地人与阿基坦地区的人经常食用。

阿卡雄生蚝
产于波尔多西部、阿卡雄海湾的生蚝。这里的生蚝产量占全法国总产量的 70%。

●奶酪
这里是法国境内少有的不生产奶酪的地区。波尔多地区自古以来就向葡萄酒产业中投入了大量的人力和财力，大部分土地都用于建造葡萄园，当地缺少生产奶酪的条件，所以不产奶酪。

●酒 / 葡萄酒

波尔多葡萄酒和优级波尔多葡萄酒
波尔多葡萄酒、优级波尔多葡萄酒、波尔多红葡萄酒和波尔多桃红葡萄酒均获得法国 A.O.C 原产地质量认证。这些葡萄酒的原材料大多产于吉伦特的葡萄园。

梅多克红葡萄酒
这种酒产于波尔多北部、吉伦特河左岸一带。梅多克生产的高级红葡萄酒数量占法国总量的一半，其中有 8 种获得了法国 A.O.C 原产地质量认证。

波尔多干白葡萄酒
波尔多干白葡萄酒是指吉伦特生产的白葡萄酒，主要分为两海间、布莱伊、波尔多和博格丘 4 种。

甜白葡萄酒
这种酒是用长满贵腐菌的葡萄制成的白葡萄酒，口感温和且十分香甜。波尔多地区的甜白葡萄酒有巴萨克、波尔多甜白、卡迪亚克和苏玳等。

利布尔纳邻近葡萄酒产区圣埃美隆，是一座沿多尔多涅河建造的城市。13世纪时期，这里被爱德华王子即后来的英国国王设立为港口城市。

盛产生蚝的滨海城市阿卡雄如今是著名的疗养胜地，深受人们欢迎。附近有欧洲最大的沙丘——比拉沙丘。

圣詹姆斯·布里亚克酒店位于波尔多近郊的一个小镇上，由现代建筑大师简·努维尔设计，用玻璃建造。

奶油焖鸭胸配砂锅土豆牛肝菌和红酒酱

Magret de canard, sauce au vin de Bordeaux, pomme cocotte, cèpes à la bordelaise

为获得肥鸭肝而饲养的鸭子，其鸭胸肉附有厚厚的脂肪，这种脂肪使鸭胸肉口感更加醇厚和美味。鸭胸肉上的脂肪是烤出美味粉红色鸭肉的关键。

材料（8 人份）

马古勒鸭胸肉（每块 200 克）2 块
盐、白胡椒粉 各适量

波尔多葡萄酒酱
红葱碎 40 克
红葡萄酒 200 毫升
小牛高汤（详见第 198 页）400 毫升

黄油 30 克
盐、白胡椒或黑胡椒碎、百里香、月桂叶 各适量
黄油（增稠用）20 克

配菜
波尔多牛肝菌（详见第 225 页）
砂锅形土豆块（详见第 222 页）

1 用纸巾擦去鸭胸肉上多余的水分，剔除瘦肉中的筋。

2 清理多余脂肪。加热时脂肪会化开，所以留下的脂肪厚度应不少于5毫米。

3 将鸭胸肉放入冰箱，冷藏能使其脂肪更加紧实。将脂肪划成细条，鸭胸肉的两面撒盐。

4 将鸭胸肉脂肪朝下放入煎锅，小火慢慢加热，脂肪化开后适当去除多余油脂。

5 煎至脂肪层变薄且发出噼啪的声响时翻面。将瘦肉部分及侧面煎至表面变色。

6 取出鸭胸肉并放在沥油架上，撒少许白胡椒粉。沥油时注意需不时翻面，以保持鸭肉的弹性。

7 制作酱汁。小火热锅，放入黄油。待黄油化开后倒入红葱碎翻炒，注意不要炒变色。

8 倒入红葡萄酒，边煮边搅动，煮至浓稠。将锅内壁擦净。

9 倒入温热的小牛高汤，充分搅拌均匀，加盐、胡椒碎、百里香和月桂叶。

10 小火慢慢炖煮，边炖煮边撇去浮沫。

11 煮1小时左右，待汤汁具有一定黏稠度，能粘在汤匙上不滴落时关火。

12 加入黄油，边晃锅边搅拌，增加其黏稠度，过滤后香滑可口的酱汁即成。

13 制作波尔多牛肝菌（详见第225页）。

14 制作砂锅形土豆块（详见第222页）。

装盘
将奶油焖鸭胸、砂锅形土豆块和波尔多牛肝菌摆在木板上。将波尔多葡萄酒酱盛入另一容器，搭配食用即可。

萨尔米浓汁炖鸽肉和卡布亚德鸽肉

Salmis de pigeon en cabouillade

萨尔米是指常见的以野味为主要食材炖煮制成的料理，卡布亚德是一种先烤后炖的料理方法。

鸽子是波尔多地区代表性野味，本料理就以这种鸽子为主要食材。

先烤后炖需加热两次，所以第一次加热时应注意不要将其烤熟，这样才能制出最完美的料理。

材料（4 人份）

鸽子 2 只
色拉油、黄油、盐 各适量

酱汁
鸽子骨头 2 只鸽子的量
黄油 20 克
色拉油 适量

红葱 2 个
洋葱 20 克
胡萝卜 20 克
蒜 1 瓣
百里香 1 枝
月桂叶 1/2 片
黑胡椒 5 粒

白葡萄酒 150 毫升
科涅克酒 20 毫升
小牛高汤（详见第 198 页）200 毫升
水 200 毫升
盐、胡椒粉 各适量
蘑菇 100 克
黄油 20 克

1 将鸽子处理好（详见第 207 页）。

2 制作酱汁。锅中倒入黄油和色拉油，油热后放入切成小块的鸽子骨头（鸽身的骨头、鸽子头和翅尖），炒至变色。

3 加入切成小块的红葱、洋葱、胡萝卜、蒜、百里香和月桂叶翻炒，炒至蔬菜呈半透明状即可。

4 用漏勺捞出锅内的食材，沥去油脂后回锅，淋少许科涅克酒，点燃火烧。

5 倒入白葡萄酒，稍煮片刻后倒入小牛高汤和水。

6 撇去浮沫后继续炖煮。

7 将鸽胸肉和鸽腿肉摆在方形托盘中，表面撒盐。

8 将色拉油和黄油倒入事先加热的煎锅中，皮朝下放入鸽肉块，两面煎至稍稍变色且变硬。

9 步骤 6 中的食材煮至黏稠后过滤出汤汁。

10 汤汁中放入煎好的鸽胸肉、鸽腿肉、盐和黑胡椒小火慢炖，或盖上锅盖放入 180℃的烤箱烤制。

11 加热至肉质柔软有弹性时将肉捞出，包上保鲜膜并静置在温暖的地方。可先取出鸽胸肉，确保肉为粉红色，鸽腿炖煮的时间可稍长一些。

12 继续炖煮剩下的汤汁，撇去浮沫，制成酱汁。煮好后加入盐和胡椒粉调味，滴几滴科涅克酒（材料外）提香。

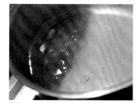 

13 加入冷却的黄油，边晃锅边搅拌，使酱汁更加浓稠，过滤至容器中。

14 蘑菇切片，倒入锅中用黄油炒熟，然后放入酱汁中。

装盘

将鸽胸肉和鸽腿肉盛盘，滴入酱汁，撒少许盐之花和胡椒碎粒（二者均为材料外）装饰即可。

酸模汤
Soupe à l'oseille

酸模是一种带有独特酸味的叶菜。用鸭油翻炒酸模，然后倒入肉汤炖煮，倒入搅拌机打碎后加鲜奶油，即可制成酸模汤。这道料理以奶油柔润的口感中和了酸模的酸味，既简单又美味。

材料（便于制作的量）

酸模 6 捆（120 克）
意大利香芹 1 捆（15 克）
土豆 4 个
鸡高汤（详见第 198 页）1.2 升
蛋黄 2 个
鲜奶油 200 毫升
鸭油、盐 各适量

1 将酸模切成细条。锅中放入鸭油加热，放入酸模翻炒并加盐调味。
2 炒至酸模变软且变色后，加入切碎的意大利香芹。
3 倒入鸡高汤。土豆去皮切成小块，放入水中浸泡，待汤汁煮沸后倒入土豆块，煮至土豆绵软、可用竹扦轻松插入即可。
4 将煮好的食材倒入搅拌机中打碎，加盐调味后过滤。
5 回锅，小火加热，待其温热后加入鲜奶油和打散的蛋黄。加热时注意不要沸腾。

装盘
将汤盛入深口盘中即可。

波尔多牛眼肉

Entrecôte à la bordelaise

将牛眼肉煎好，然后加入红葡萄酒酱和牛骨髓制作而成。波尔多地区盛产上等牛肉和葡萄酒，这道料理堪称波尔多地区的极品美味。

制作酱汁时要使用足量的红葡萄酒慢慢炖煮，这样才能使葡萄酒的滋味浓缩在酱汁中。

材料（4 人份）

牛眼肉（每块 220~250 克）4 块
盐、胡椒粉、色拉油、黄油 各适量

酱汁
红葱 6 个
波尔多红葡萄酒 375 毫升
小牛高汤（详见第 198 页）
黄油 30 克
盐、胡椒粉 各适量

配菜
骨髓、岩盐、盐之花、黑胡椒碎 各适量

1 制作酱汁。红葱切碎放入锅中，倒入红葡萄酒至红葱的一半，开火炖煮。

2 倒入小牛高汤继续炖煮，然后过滤。

3 加入黄油以增加汤汁浓稠度，放入盐和胡椒粉调味。

4 牛眼肉两面撒少许盐腌制片刻。煎锅中倒入色拉油和黄油，待油热后放入腌好的牛眼肉，中火煎至两面上色（可凭喜好调整肉的熟度）。煎好后取出，并撒少许胡椒粉。

5 将岩盐放入水中溶化，放入骨髓煮熟后捞出，切成小段。

装盘
将牛眼肉盛盘，倒入足够的酱汁。放入骨髓，再加入盐之花和黑胡椒碎即可。

巴斯克

地理位置	地处法国西南部的大西洋沿岸地区，与西班牙接壤。海滨遍布美丽的沙滩，内陆地区多险要连绵的山峰，景色丰富多样。
主要城市	巴约讷。乘坐高速铁路从巴黎到此处约花费 5 小时。
气　　候	沿海地区气候温暖，山地地区夏季凉爽，冬季较为寒冷。全年降水丰富。
其　　他	巴斯克语是当地特有的语言，使用者多分布于山地地区。

特色料理

巴斯克金枪鱼
加入埃斯佩莱特辣椒炖煮的金枪鱼。

特罗
又称巴斯克鲜鱼汤。是用鱼类、甲壳类海鲜制成的汤品。

加秋莎烩饭
加入香肠、甜椒、番茄和橄榄制成的烩饭。

巴斯克依巴奥纳肉肠
用巴斯克的依巴奥纳猪肉制成的辣味干肠。

辣味血肠
埃斯佩莱特辣椒风味的血肠。

巴斯克地区位于法国和西班牙交界处，地处比利牛斯山脉西侧。该地区共分 7 个区域，其中 4 个位于西班牙境内，被称为"南巴斯克地区"，其余 3 个位于法国境内，被称为"北巴斯克地区"，独特的语言和文化极具个性。嵌入了深绿、深红色门的木质房屋，挂满了鲜红辣椒的房檐，穿着民族服饰、戴着黑色贝雷帽的行人……这就是充满异域风情的巴斯克。虽然巴斯克背靠比利牛斯山脉，且多山地，但其西侧面朝大西洋，有许多著名的海滨旅游城市，如比亚里茨和圣让德吕兹等。

广阔的大海和绵延的山地为当地带来了丰富的物产，受气候和地势影响，这里的渔业和农业十分发达，有许多著名的特产。其中有产于法国近海地区且十分稀少的红肉鱼、金枪鱼、鳗鱼、鳕鱼、鲷鱼、长枪乌贼、螃蟹、小龙虾，以及淡水河中的鳗鱼和鳟鱼等；持有 A.O.C 原产地质量认证的红色埃斯佩莱特辣椒、绿色的甜辣椒、甜椒、小红椒，以及洋葱、蒜、番茄和大米等农作物特产。无论这些食材如何搭配，制成的料理都极具魅力。要说最具巴斯克风格的，还要属用橄榄油、番茄、甜椒和辣椒制成的料理。巴斯克仔鸡和番茄

每年 8 月，巴约讷都会举办游行、烟火大会及斗牛等活动，人们都会穿着有红、白两种颜色的衣服参加。

巴斯克山地赛段是环法自行车赛中最精彩的部分之一，该赛段多为险要的山地。

比亚里茨拥有众多高尔夫球场和赌场，是一座散发着优雅气质的海滨旅游城市。1950 年至今，许多外国游客因冲浪运动慕名而来。

甜椒炒蛋都是当地的传统料理，其味道及色彩搭配的成功便源于使用了当地的食材。

除此之外，利用巴斯克猪肉加工制成的巴约讷火腿也是当地特有的食品。巴斯克猪肉还可制成香肠、干肠以及盐渍猪脯肉等熟食，近海城市巴约讷生产的火腿更是世界闻名，在国内外都评价颇高，是当地人制作料理常用的食材。除了猪，当地还有羊、牛、鸡等肉类特产。这里也盛产野味，如森林里被称为"帕龙布"的鸽子等。当地山坡上饲养了许多羊，这些羊的羊奶便是奥苏依拉堤奶酪的原料，传统吃法是将羊奶酪与黑莓酱搭配在一起食用。

巴斯克地区只有一种叫做"伊鲁莱吉"的葡萄酒较为有名，该酒产自伊鲁莱吉村，当地人在山坡上开垦出了许多小葡萄田用于种植葡萄，生产葡萄酒。另外，巴斯克地区的西打酒也十分有名，与诺曼底地区相比，这里的西打酒口感更酸，也更清爽。

阿杜尔河流经巴约讷老城区，这里的门和窗户都涂着简单的红色和绿色，这些建筑共同构成了巴斯克独特的风景。

巴约讷火腿是将猪肉盐渍、风干后，经过 9 个月以上的熟成，去除猪蹄即可上市出售。与比格尔猪肉火腿一样，都是巴斯克有名的猪肉加工制品。

每到夏季，人们经常在比利牛斯山中看到放养的动物。由于当地多用羊奶制作奶酪，所以这里放养的羊较多。

巴斯克仔鸡配烩饭
Poulet basquaise, riz pilaf

将一整只仔鸡处理好，加番茄、甜椒、生火腿一起炖煮，这种红绿相间的料理是巴斯克地区的特色。炖煮时需注意火候，在保留鸡肉特有的香味和口感时，使其与蔬菜的味道更加协调。

材料（4人份）

仔鸡 1 只
生火腿片（4 片切碎）共 12 片
绿甜椒 4 个
番茄 250 克
切薄片的洋葱 1 头
切碎的蒜 3 瓣
白葡萄酒 150 毫升

小牛高汤（详见第 198 页）适量
香草束（详见第 201 页）1 束
黄油 30 克
橄榄油 40 毫升
埃斯佩莱特辣椒、切碎的欧芹、
盐、胡椒粉 各适量

配菜
烩饭
　大米 250 克
　切碎的洋葱 1 个
　鸡高汤（详见第 198 页）300~400 毫升
　黄油 60 克
　香草束（详见第 201 页）1 束
　盐、胡椒粉、欧芹碎 各适量

1 处理好鸡肉（详见第204页），从关节处将鸡腿切下，再将鸡胸肉斜切为2份。去掉鸡翅等部位骨头上的肉，使骨头露出。

2 在鸡肉表面撒少许盐和胡椒粉。锅中倒入橄榄油和黄油，油热后放入鸡肉煎制，过程中再放入适量的黄油。

3 将鸡肉表面煎至焦黄后取出，用生火腿片将其包裹起来，插入牙签固定。

4 锅中倒入橄榄油和黄油，油热后放入裹生火腿片的鸡肉煎制。

5 用保鲜膜包裹绿甜椒，烘烤其表皮，外皮略焦并翘起后，将外皮撕下并去子，然后切成细条。

6 在步骤2煎鸡肉的锅中依次倒入蒜碎、洋葱片、甜椒条和去子并切成细条的番茄，中火翻炒。

7 加盐和胡椒粉调味后，放入煎好的裹火腿片的鸡肉。倒入白葡萄酒至与食材齐平，加小牛高汤炖煮。

8 煮沸后撇去浮沫，加入香草束和切碎的生火腿，盖上锅盖，小火炖煮30分钟。由于鸡胸肉容易煮熟，所以要先将其捞出，鸡腿肉炖煮的时间可稍长一些。

9 鸡肉煮至可以轻松插入铁扦时即可。盛出鸡肉，拔出牙签。

10 拣出汤中的香草束，中火继续炖煮其他蔬菜，过程中撇去汤中的油脂和浮沫。

11 待汤汁变少后关火，将鸡肉放回汤中。

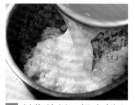

12 制作烩饭。锅中倒入一半黄油，油热后倒入切碎的洋葱翻炒至变色。接着放入大米继续翻炒，炒至大米透明时倒入鸡高汤煮沸。

13 加入香草束、盐和胡椒粉，盖一张烘焙纸并盖上锅盖。放入烤箱，180℃烤制17分钟。

14 加热完成后倒入剩下的黄油。盖上盖子焖5分钟，然后取出香草束，用叉子将黄油与米饭充分拌匀。

装盘
将鸡肉盛盘，加入适当蔬菜和汤汁，再撒少许埃斯佩莱特辣椒和欧芹碎装饰。将烩饭盛入另一盘子中，撒欧芹碎装饰即可。

甜椒鳕鱼泥

Piquillos farcis à la morue

将盐渍鳕鱼同土豆混合在一起制成鳕鱼泥，塞入巴斯克地区特产的圆锥形皮齐奥斯小红甜辣椒中，烤出香味即可。这是一道具有南法和巴斯克地区风格的料理。

材料（8人份）

罐装皮齐奥斯辣椒*16个

馅料（鳕鱼泥）
 盐渍鳕鱼 500 克
 蒜 6 瓣
 橄榄油 200 毫升
 盐、胡椒粉 各适量
 土豆 1 个

汤汁
 牛奶 500 毫升
 水 500 毫升
 百里香 1 枝
 月桂叶 1 片
 黑胡椒碎 适量

小麦粉 适量
蛋黄 3 个

面包粉、橄榄油 各适量

皮齐奥斯辣椒酱
皮齐奥斯辣椒 5 个
鲜奶油 200 毫升
橄榄油、盐、胡椒粉 各适量

*皮齐奥斯是一种圆锥形的小个红色甜辣椒。用炭火烤过后，仔细地剥下外皮，塞入瓶或罐中制成。

1 制作馅料。剔除盐渍鳕鱼的腹骨和皮并切成适当大小。

2 锅中倒入牛奶和等量的水，加入百里香、月桂叶和黑胡椒碎炖煮。

3 将蒜剥皮、去芽并放入水中炖煮，待水变白后倒入一半步骤2中的食材。剩下的一半加入橄榄油，小火慢慢加热。

4 加热至温度超过60℃时倒入鳕鱼块，继续炖煮，注意不要煮沸，使其温度保持在60~90℃。

5 煮15~20分钟左右，至鳕鱼出现像珍珠一样的颜色和光泽时捞出。

6 方形烤盘中撒少许岩盐，加入土豆，放入160℃的烤箱烤制。加热完成后趁热剥下外皮。

7 将鳕鱼块、土豆和煮过的蒜倒入搅拌机中轻轻搅拌，依次加入倒入橄榄油的牛奶液和煮蒜剩下的汤汁继续搅拌，量可根据鳕鱼和土豆的硬度适当增减。蒜的量可凭喜好添加。

8 搅拌至有一定黏度后，加入盐和胡椒粉调味，制成馅料。

9 用水洗净皮齐奥斯辣椒，去除辣椒内侧的薄皮。

10 将馅料塞入裱花袋，挤入皮齐奥斯辣椒中。

11 依次裹上小麦粉、添加橄榄油的蛋黄和面包粉。

12 锅中倒入足量橄榄油，油热后放入塞入馅料的皮齐奥斯辣椒，煎至表面变色。

13 制作皮齐奥斯辣椒酱。将洗净的皮齐奥斯辣椒与热鲜奶油放入搅拌机中搅碎。

14 加入步骤3中剩的牛奶液，加盐和胡椒粉调味。最后过滤即可。

装盘
上桌前需将塞入鳕鱼泥的皮齐奥斯辣椒放入烤箱，160℃加热片刻，盛盘后点缀皮齐奥斯辣椒酱即可。

番茄甜椒炒蛋

Œufs à la piperade

这道料理是将番茄、蒜、洋葱、生火腿同甜椒一起用橄榄油翻炒，制成巴斯克传统料理番茄炒甜椒，然后加入西式炒蛋混合制成。

传统料理中的鸡蛋为半熟状态，鸡蛋的清淡与蔬菜的酸味形成强烈对比，给人以极致的享受。

材料（4人份）

生火腿片 4 片

鸡蛋 6 个

红、黄、绿甜椒 各 1 个

番茄 600 克

洋葱 1 个

蒜 2 瓣

埃斯佩莱特辣椒粉 1 撮

橄榄油、盐、胡椒粉 各适量

1 用去皮器剥下甜椒的皮，去瓤和子后，切成宽约 5 毫米的细条。番茄去皮、切成小块，洋葱切成薄片，蒜剥皮、去芽后拍碎、切末备用。

2 锅中放入少量的生火腿（材料外）和橄榄油加热，待生火腿的油脂化开后加入蒜末和洋葱片翻炒，撒少许盐并加入甜椒条继续翻炒。

3 蔬菜炒软后放入番茄块，加盐和胡椒粉调味。小火加热，直至食材的味道充分融合。

4 用漏勺沥去步骤 3 中食材的水分，倒回锅中，加入生火腿片翻炒，依次加入埃斯佩莱特辣椒粉、盐、胡椒粉和打散的鸡蛋继续翻炒片刻。炒好后调味，趁鸡蛋还略黏稠时盛盘。

5 滴少许橄榄油后即可食用。

PÉRIGORD

佩里戈尔

概况

地理位置 位于法国西南部，多尔多涅河流域中部的内陆地区。北部森林广布，西南部为葡萄田众多的田园地带，不同区域的景观大不相同。

主要城市 佩里格。距离波尔多地区约 100 公里，乘火车约需 1 小时。

气　候 虽为内陆地区，但受海洋性气候的影响，较为温暖。日照时间长。

其　他 拥有中世纪美丽建筑的萨尔拉，在拍摄电影时经常被选为取景地。

特色料理

松露煎蛋
加入法国松露制成的煎蛋。

佩里戈尔奶油焖山鹑
用山鹑脊肉制成的奶油焖肉，辅以佩里戈尔风味酱制成。

洋葱大蒜蛋黄汤
用猪油或鹅肝油制成的大蒜汤。

皇家兔肉
塞入馅料，再用红酒焖炖制成的野兔肉料理。

切片烤鸭配佩夏蒙酱
用烤鸭搭配佩夏蒙葡萄酒烹制的酱制作而成。

索布洛纳德
一种猪肉蔬菜浓汤。用四季豆、蔬菜和盐渍猪肉炖煮制成。

猪肉卷
将猪里脊肉卷成棍状烤熟，放凉后制成。

佩里戈尔地区位于法国西南部，地处内陆，气候温和。北部森林广布，被称为"绿色佩里戈尔"；中部拥有白色的石灰质土壤，被称为"白色佩里戈尔"；西南部盛产葡萄，被称为"深红佩里戈尔"；东南部生长着黑色的栎树，被称为"黑色佩里戈尔"。佩里戈尔地区除了有不同的自然景观外，还保留着许多著名的文化遗产，如拉斯科洞窟壁画等。北部的主要城市为佩里格，西南部和东南部的大城市分别为贝尔热拉克和萨尔拉。

佩里戈尔地区的特产是被称为"黑色钻石"的黑色松露。目前世界上有 30 余种松露，但佩里戈尔松露的气味更加香醇，在法国全境颇具盛名。佩里格酱中加满了切成小块的松露，当地人用这种酱与其他料理、食材组合，制出了许多特色料理。佩里戈尔地区的森林除了盛产松露外，还盛产牛肝菌、鸡油菌、羊肚菌等丰富的菌类，这些菌类经常被用来做料理的配菜。

当地多人工饲养的鸭和鹅，所以盛产鹅肝。用鸭和鹅肉制成的油封肉、用其油脂制成的料理以及香煎鹅肝和陶罐鹅肝都十分有名。鹅肝和松露都是十分名贵的高档食材，这里

蒙巴兹雅克村位于贝尔热拉克西南部，因生产与其同名的葡萄酒而世界闻名。建于山坡上的古城四周环绕着广阔的葡萄田。

佩里格每年 8 月都会举办国际哑剧节。各国艺术家汇聚于此，表演影子剧、哑剧以及各种街头艺术。

生产的鹅肝和松露产量占据了法国总产量的一半，加之其具有许多美味的料理，所以这里被视为法国一流的美食胜地。

另外，佩里戈尔地区也利用其广袤的草地饲养牛和羊等家畜，其特产还有核桃、板栗、洋李和草莓等，当地著名的点心果子挞就是用核桃制成的。由于多尔多涅河流经当地，所以这里也盛产河鱼。利用河鱼制成的料理虹鳟鱼炖牛肝菌、白汁炖鳗鱼、炸梭子鱼等在佩里戈尔地区都十分受欢迎。

位于多尔多涅河沿岸的贝尔热拉克四周种植了许多葡萄，生产出了许多优质的葡萄酒。其中最有名的是蒙巴兹雅克白葡萄酒。这种酒液体呈金黄色，香味浓郁且味道甘甜，是佩里戈尔葡萄酒中的明星产品。另外，这里生产的嘉贝库山羊奶酪十分有名，其名称来源于法国西南部的方言奥克语，意为小山羊奶酪。这种奶酪由山羊奶制成，口感圆润温和。

特产

佩里戈尔核桃（A.O.C）
持有法国 A.O.C 原产地质量认证且味道浓郁的核桃。果实饱满，制作法式点心果子挞时经常使用。

佩里戈尔松露
香味十分浓郁的菌类，有"黑色钻石"之称，多生长于法国东南部及意大利、西班牙等地。

羊肚菌
又称羊蘑，菇伞表面长着许多小孔。是一种具有浓烈香味的春季蘑菇，十分稀少。

鸡油菌
一种茶杯形的橙色菌类，菇伞背面长着许多褶皱。这种菌类水分充足，风味独特，不同品种的颜色和肉质也各不相同。

鸭子、鹅
这两种动物在该地区饲养的数量十分可观。当地的鸭和鹅的肝脏都被喂养得十分肥大，尤其是鹅肝，十分有名。

古绒
淡水虾虎鱼，一种生活在河流底部的群居小鱼，肉质鲜美醇厚，油炸后食用。

●奶酪

菲戈奶酪
无须加热山羊奶，直接挤压制成的柔软的奶酪。全年均可生产。"菲戈"意为无花果，因其外表为无花果的形状而得名。用布裹住即可挤出该形状。

特拉普埃舒尔尼亚克奶酪
一种用牛奶制成的半硬奶酪。轻轻挤压，无须加热制成。这种奶酪在 1868 年后由修道院全年生产，口感温和且均衡。

●酒／葡萄酒

贝尔热拉克山坡红
一种散发着香草和浆果香味、微酸且口感柔和的优质葡萄酒。有布鲁内古堡、雷格拉沃酒庄和雷伊酒庄等不同类型。

蒙巴兹雅克
一种 14 世纪就开始流行的著名白葡萄酒，产自贝尔热拉克地区。这种酒酒精浓度较高，有路易古堡、马尔福拉古堡和贝灵阁古堡等多种类型。

佩里格是极具罗马时代文化特色的城市，有着浓厚的高卢、罗马文化氛围。另外，这里也保留了圆形剧院和古城墙等 39 处历史古迹。

贝尔热拉克因葡萄酒业和烟草贸易而飞速发展，保留了许多古老的街景，是一座十分美丽且极具魅力的城市。

蒙巴兹雅克风味鹅肝肉泥砖、梅干馅鹅肝肉泥砖

Terrine de foie gras au Monbazillac, Terrine de foie gras aux pruneaux

从处理食材到加热，每一步操作都需要严谨、细致，光滑细腻的口感和浓郁的香味具有难以比拟的魅力，这就是鹅肝肉泥砖。

介绍两种风味的鹅肝肉泥砖，分别用蒙巴兹雅克白葡萄酒和阿尔玛尼亚克白兰地制成。

材料（8人份）

蒙巴兹雅克风味鹅肝肉泥砖
鹅肝 约600克
盐 12~13克（1千克鹅肝的量）
胡椒粉 2克（1千克鹅肝的量）
砂糖 1撮

蒙巴兹雅克葡萄酒 * 适量

* 佩里戈尔地区特产的白葡萄酒，
酒精度数较高且香味丰富。

梅干馅鹅肝肉泥砖
鹅肝 约600克
盐 12~13克（1千克鹅肝的量）
胡椒粉 2克（1千克鹅肝的量）
砂糖 1撮
阿尔玛尼亚克白兰地 适量
梅干（阿让地区产、无核）200克

1 处理鹅肝（详见第211页）。为方便调味，可将其放在铺了保鲜膜的托盘上并擀薄。

2 去除鹅肝中的血管和筋后称重，准备重量为鹅肝重量1.2%的盐。

3 将盐、胡椒粉和砂糖混合，均匀地撒在鹅肝上，只撒一面即可。

4 鹅肝中倒入足量蒙巴兹雅克葡萄酒，用保鲜膜包裹起来，放入冰箱冷藏一晚。

5 冷藏后的鹅肝变得更加松软，调味料也随着葡萄酒一同渗入鹅肝中。

6 将鹅肝塞入砖形模具中。考虑到脱模后的整体形状，可先选取表面光滑的鹅肝放入模具底部。

7 中间放入剔除了血管和筋且肉质更加细腻的鹅肝，轻轻按压。

8 上面再用表面较为光滑的鹅肝覆盖。由于加热时鹅肝的油脂会流出，体积会缩小，所以塞入鹅肝的量可稍多一些。

9 盖上盖子，将模具放入铺了纸巾的方形托盘中。向托盘中倒入热水，然后放入90℃的烤箱中隔水烤制45分钟。

10 鹅肝肉泥砖中心的理想温度应为56℃。将小刀插入肉泥砖中，取出后将刀身贴在嘴唇上，感觉到较热即可。

11 准备另一个方形底盘，将模具放入。打开盖子，将一个能与模具口相契合的板平放在鹅肝肉泥砖上。

12 再在上方放置重物。每500克肉泥砖放置约1千克的重物，然后放入冰箱冷藏一晚使其凝固。

13 制作梅干馅鹅肝肉泥砖。步骤1~3同制作蒙巴兹雅克鹅肝肉泥砖相同。然后加入阿尔玛尼亚克白兰地，放入冰箱冷藏一晚。

14 取出后放入砖形模具中。将梅干放入阿尔玛尼亚克白兰地（材料外）中浸泡一晚，捞出沥干水分，放入模具中部。重复步骤8~12的操作即可。

佩里戈尔酱鸡胸配油煎土豆

Filet de faisan sauce perigueux et pomme de terre à la sarladaise

佩里戈尔酱是用当地产的松露和松露汁制成，香味十分浓郁。

用佩里戈尔酱与烤得松软的野鸡鸡胸肉制成的料理。

配菜为蒜和散发着鹅油脂香味的煎土豆。

这道料理是佩里戈尔地区的著名料理，与牛肝菌一同食用风味极佳。

材料（4人份）

野鸡鸡胸肉 4 片
黄油、色拉油、盐 各适量

佩里戈尔酱
波尔多葡萄酒 50 毫升
马得拉葡萄酒 20 毫升

科涅克酒 30 毫升
切碎的松露 1 块
小牛高汤（详见第 198 页）300
毫升
黄油 40 克
松露汁、盐、胡椒粉 各适量

配菜
萨尔拉风味油煎土豆
土豆 800 克
鹅油 120 克
切碎的蒜 2 瓣
切碎的欧芹 2 汤匙
盐 适量

1 野鸡肉的处理方法与仔鸭基本相同（详见第206页）。如果表面仍残留少许羽毛，可用喷枪烧掉，然后将表面擦净。

2 本料理的主要食材为野鸡鸡胸肉。去除多余的脂肪。

3 剔除鸡翅根部骨头上的碎肉。

4 用铝箔纸将骨头包裹起来，防止煎焦，将鸡胸肉并排放在方形托盘中。

5 锅中倒入色拉油和黄油，油热后将鸡胸肉鸡皮朝下放入锅中，小火慢煎。

6 煎至鸡胸肉两面金黄后取出，放在温暖的地方备用。

7 制作萨尔拉风味油煎土豆。将土豆提前处理好（详见第216页），放入充足的鹅油中，中火加热至表面金黄。

8 待土豆片两面金黄后，撒少许盐，并倒入蒜碎和欧芹碎。

9 充分混合均匀后盛出，沥去多余油分。

10 制作佩里戈尔酱。锅中倒入波尔多葡萄酒、马得拉葡萄酒、科涅克酒、松露碎和松露汁。

11 小火加热，保持微微沸腾的状态，煮至汤汁浓缩为原来的一半。

12 加入小牛高汤继续炖煮，使汤汁变浓稠。

13 加入黄油增加汤汁的黏稠度，然后加盐和胡椒粉调味。

装盘
将切成适口大小的鸡胸肉和萨尔拉风味油煎土豆盛入盘中，倒入适量酱汁即可。

脆皮油封鸭
Confit de cuisse de canard

鸭子是佩里戈尔必不可少的家禽。为获取肝脏，这里饲养了许多鸭子。

将鸭肝取出，再将肥美的鸭肉浸泡在鸭油或鹅油中慢慢炖煮，制成当地的传统料理。将其与萨尔拉风味油煎土豆搭配食用风味更佳。

材料（8人份）

鸭腿* 8 根
鸭油 1.5 千克
蒜 4 瓣
百里香 1 枝
月桂叶 1 片
粗盐 12 克（1 千克鸭肉的量）

配菜
萨尔拉风味油煎土豆
　土豆 800 克
　鹅油 120 克
　切碎的蒜 2 瓣
　切碎的欧芹 2 汤匙
　盐 适量
沙拉
　嫩菜叶、沙拉调味汁 各适量

* 鸭腿肉的分量：如果是专为取肝养的鸭子，其鸭腿较大，1 人份用 1 根，共用 8 根；如果是普通鸭腿，则 1 人份用 2 根，4 人份的量即可。

1　将粗盐抹在鸭腿上，放入方形托盘中，再将百里香和月桂叶放在鸭腿上，包一层保鲜膜后放入冰箱冷藏 12~24 小时。

2　去除鸭腿上多余的脂肪并洗净表面的粗盐，然后沥去水分（留下百里香和月桂叶，在步骤 3 中使用）。

3　将鸭油倒入锅中，放入腌制鸭腿时用过的百里香和月桂叶，放入蒜和鸭腿肉一起炖煮 3 小时，直至鸭肉变软。需注意炖煮过程中要将鸭油温度保持在 90℃。

4　小刀可轻松刺入时将鸭肉捞出，放在铺好沥油架的方形烤盘上。将烤盘放入 200℃ 的烤箱或煎锅中烤至鸭肉表皮酥脆。

5　制作萨尔拉风味油煎土豆（详见第 95 页）。

装盘
将鸭腿盛入盘中，加入萨尔拉风味油煎土豆和拌好沙拉调味汁的嫩菜叶装饰。

嫩煎肥鹅肝配油煎苹果

Foie gras chaud et pommes rôties au beurre comme à Sarlat

将切成厚片的鹅肝放入平底锅
中煎制，与用蒙巴兹雅克白葡
萄酒制成的酱汁和油煎苹果搭
配在一起即可。

这道料理使用了非常简单的方
式来制作佩里戈尔地区的鹅肝，
将鹅肝的美妙滋味牢牢锁住，
堪称极品。

材料（6人份）

鹅肝（或鸭肝）500 克
盐、胡椒粉 各适量

酱汁
蒙巴兹雅克葡萄酒 200 毫升
小牛高汤（详见第 198 页）300 毫升
黄油 80 克
盐、胡椒粉 各适量

配菜
萨尔拉风味油煎苹果
　苹果 4 个
　黄油 70 克
　色拉油 适量
　砂糖 10 克
沙拉
　野莴苣 1 捆
　生菜 1 个
　菊苣 1 个
　榛子油 5 茶匙
　白葡萄酒调味汁 2 茶匙

1　由于鹅肝脂肪含量高且易化，变软之后很难处理，
所以需在煎鹅肝前将其放入冰箱冷藏，使其变硬。
冷藏后将鹅肝切成厚片，撒盐并放入煎锅中煎制。
先用大火将其表面快速煎熟，然后转中火慢慢加
热。当按压发现中间部分发软时，鹅肝就煎好了。

2　将鹅肝放在吸油纸上去除油分，在表面撒少许胡
椒粉。

3　制作萨尔拉风味油煎苹果。削去苹果皮，将 2 个
苹果切成厚片并去核去子。另外 2 个苹果切成 6~8
块大小均等的月牙状小块。

4　锅中倒入黄油和色拉油，油热后倒入砂糖炒出糖色。

5　将切好的苹果放入锅中煎熟并裹上糖色。

6　制作酱汁。锅中倒入蒙巴兹雅克葡萄酒炖煮，煮至
其分量为原来的一半时，倒入小牛高汤继续炖煮。

7　煮至汤汁黏稠时加入盐和胡椒粉调味，然后放入黄
油增加黏稠度。

装盘
将鹅肝和萨尔拉风味油煎苹果盛盘，倒入酱汁。将生
菜、野莴苣和菊苣撕成适口大小，用榛子油和白葡萄
酒调味汁拌匀，制成沙拉，放入盘中装饰即可。

图卢兹、加斯科涅

概况

地理位置 位于法国西南部、靠近比利牛斯山脉和中央高原的内陆地区。加龙河及其支流流经此地，风景秀丽，田园风光广布。

主要城市 图卢兹地区的主要城市为图卢兹，加斯科涅地区的主要城市为欧什。

气候 温暖，春季多雨、夏季炎热，山地地区较为凉爽。

其他 画家图卢兹·罗特列克就出生于图卢兹地区东北部的阿尔比。

特色料理

洛拉盖牛肚
将火腿、蒜、欧芹塞入仔牛的胃中制成的料理。

奥西唐沙拉
用鸭胗和烟熏鸭胸肉制成的沙拉。

香煎猪肝配水萝卜
将熏制的猪肝切成薄片，用油煎过后搭配小水萝卜制成。

蒜泥牛肉
将仔牛肉切成薄片，搭配含有蒜的酱汁制成。

玉米饼
将玉米粉与牛奶混合制成浓稠的糊，用黄油煎后食用，通常有咸甜两种口味。

图卢兹位于法国西南部，是南部-比利牛斯大区上加龙省的省会，图卢兹地区是指以图卢兹为中心的区域。图卢兹拥有悠久的历史，从古希腊时期一直繁荣至今。今天的图卢兹是法国航空航天业的重要根据地，这里因生产全法最先进的飞机而被人熟知。图卢兹的许多建筑都是用红砖建成，因此也被称为"玫瑰色的城市"。近郊是堇菜产地，这里种植的堇菜可制成糖渍料理或果仁糖等点心食用，也可以制成香水，故图卢兹有"堇菜之城"的美称。欧什位于图卢兹地区和其西部的波尔多地区之间，周边便是加斯科涅地区。

图卢兹和加斯科涅地区的气候均较为温和。这里平原辽阔，加龙河流经此地，适宜种植农作物。当地种植较多的是粉皮和紫皮的蒜、白芦笋、白芸豆、巴旦杏、甜瓜和葡萄等农作物。将白芸豆同羊肉、猪皮、鸭或鹅腿肉、番茄一起放入陶锅中，然后放入烤箱，就可制成当地有名的什锦锅菜。这道菜也是其东部邻居，朗格多克地区的卡斯泰尔诺达里和卡尔卡松镇的特色菜。图卢兹的什锦锅菜拥有独特的风格，会放入混合了香辛料制成的图卢兹香肠、鸭肉或鹅油封肉等食材。

什锦锅菜中的鸭和鹅是法国西南部内陆地区的特产，图卢兹和加斯科涅地区多养殖鸭

图卢兹的市政府大楼由石头和红砖建成，被当地人称为坎佩托。大楼前的广场每天都会有出售蔬菜和鲜花的市场，人来人往、十分热闹。

建于17世纪、横跨加龙河的新桥是图卢兹的著名景点。许多游客都会沿着岸边的人行道漫步，享受街道两旁美丽的砖红色街景。

图卢兹的冬季会降雪。图为法国南运河，该运河将加龙河沿岸的图卢兹与地中海沿岸的赛特连接在一起，曾是十分重要的运输通道。

和鹅，也盛产鹅肝。取出鹅肝后，当地人会将剩下的肉焖炖，或放入油中低温炖煮，制成油封肉等传统料理，在制作什锦锅菜时也会使用制成油封肉保存的鸭腿或鹅腿。除鸭和鹅外，当地还有许多其他特产，如放养的仔羊、牛、鸡以及河流和湖泊中的鳟鱼、鲤鱼及河虾等。另外，此地森林覆盖面积较大，物产也十分丰富，盛产牛肝菌、被称为特拉佩特的蘑菇、板栗和堇菜等。

当地酒类也有不少，其中弗朗顿葡萄酒和加亚克葡萄酒拥有法国 A.O.C 原产地质量认证，另外还有 4 种获得 V.D.P 地区级餐酒认证。图卢兹、加斯科涅地区的西部为波尔多地区，东南部为朗格多克地区，处于二者之间的该地有"西南葡萄田"之称，也是著名的优质葡萄酒产地。除上述葡萄酒外，这里生产的阿尔玛尼亚克白兰地也十分有名，这种酒是将蒸馏后的白葡萄酒倒入黑色的栎木桶，使其沾染木材的颜色，然后放置待其熟成而成的。阿尔玛尼亚克白兰地产于欧什附近，名称与其产地同名。另外，当地也盛产山羊奶酪和牛奶奶酪，种类十分丰富。

特产

洛特雷克玫瑰红蒜
一种外皮为玫瑰色的蒜，味甜、香味柔和。1966 年获得法国农作物品种商标，是法国最高级的蒜品种。

白芸豆
什锦锅菜中的主要豆类食材。罗拉盖和帕米耶种植的白芸豆都十分优质。

图卢兹鹅
一种体形较大且十分美丽的鹅，多用于培育鹅肝。这种鹅生活在欧洲各国及美国等地。

白爪龙虾
一种白色的食用龙虾。是只生活在上加龙省南部及科曼热地区几条河流中的稀有品种。

● 奶酪

洛马涅托姆奶酪
产于加斯科涅地区的洛马涅，是用牛奶制作的半硬奶酪，全年均可生产。无须加热，只需挤压即可。

博登奥克羊奶酪
是一种产于塔林的山羊奶酪。制作时无须按压和加热，故质地柔软且细腻。可作为开胃小菜食用。其外表与洋梨相似。

辣味羊奶酪
一种产自阿尔比地区、利用纯天然的有机农业生产方法制作的山羊奶酪。质地柔软，多用于制作温沙拉。可全年生产，春季至秋季生产的奶酪风味更佳。

● 酒 / 葡萄酒

柯特德弗朗顿葡萄酒
一种产于加龙河支流流域、蒙托邦南部地区的葡萄酒。红葡萄酒味道强烈、十分有名。

加亚克葡萄酒
塔林河周边的 73 个市镇村均能够制作此葡萄酒。这种酒具有果实的香气，大多口感细腻，颇受好评。

阿尔玛尼亚克白兰地
将白葡萄酒蒸馏后放入栎木桶，熟成后制成的白兰地酒。1936 年获得法国 A.O.C 原产地质量认证。将阿尔玛尼亚克白兰地同葡萄汁混合而成的弗洛克德加斯科涅是十分受欢迎的餐前酒。

圣玛利亚大教堂是欧什的标志性建筑，其美丽的蔷薇窗户十分独特。欧什拥有悠久的历史，位于加龙河支流热尔河沿岸。

马尔西亚克是一座美丽的村庄，这里保留了许多历史悠久的建筑，如建于 14 世纪的圣母教堂等。每到夏季，这里都会举办爵士音乐节。

法式炖鸡
Poule au pot

16 世纪法国国王亨利四世将法式炖鸡定为国民周日的固定菜式，以庆祝家庭团聚。
这道料理直译过来就是砂锅母鸡，正如其名，将火腿和蒜塞入母鸡腹中，然后与香味蔬菜一同
放入砂锅炖煮而成。

材料（4~6 人份）

母鸡（含内脏、1.8~2 千克）1 只

馅料
猪里脊 200 克
生火腿 150 克
培根 50 克
长面包或面包粉 150 克

牛奶 200 毫升
洋葱 1 个
蒜 2 瓣
鸡蛋 1 个
蛋黄 1 个
马得拉葡萄酒、科涅克酒、黄
油、盐、黑胡椒、水 各适量

配菜
胡萝卜 2 根
洋葱 2 个
韭葱 2 根
芹菜 1 根
香草束（详见第 201 页）1 束
丁香 1 个
甘蓝 1 个

1 从鸡尾部开口，掏出鸡尾部的脂肪。

2 在鸡身上部开口，去除里面的脂肪，然后将鸡头同鸡脖一起切下。

3 从鸡身上部的开口处剥开鸡皮，取出锁骨。切下鸡爪、鸡翅尖。

4 制作馅料。将长面包撕碎放入碗中，倒入马得拉葡萄酒、牛奶、鸡蛋和蛋黄搅拌均匀。

5 锅中放入黄油，油热后倒入切碎的洋葱和蒜炒出水分，炒好后倒入方形托盘中冷却。

6 将生火腿和培根切成小块，倒入锅中快速翻炒。另起一锅，将鸡内脏表面煎至金黄后，淋科涅克酒点燃火烧，然后盛入方形托盘中冷却，切成小块。

7 混合步骤4~6的食材，再加入切成末的猪里脊拌匀，加盐和胡椒粉。

8 折起鸡翅，用棉线将鸡身上部的皮同腹部的皮缝在一起。

9 缝好后剪断棉线。

10 将馅料从鸡尾部塞入。

11 塞好后将鸡尾部的口缝上。

12 将鸡腿折起来，用棉线捆紧以防散开。可以稍切开足部关节位置的皮，便于折起鸡腿。

13 将胡萝卜和洋葱去皮，丁香插入洋葱中。在韭葱一端切出长约5厘米的十字刀痕，用棉线捆紧。去除芹菜中的筋。将鸡和甘蓝以外的所有配菜放入一个深口锅中，倒入充足的水，小至中火炖煮60~90分钟，撇去汤中的浮沫。

14 炖煮过程中加入切成4等份的甘蓝，继续炖熟即可。

装盘
将鸡肉和配菜切成适口大小后，盛入汤碟即可。

图卢兹什锦锅菜
Cassoulet de Toulouse

这种名为卡索尔的陶锅能放入烤箱中加热，是制作什锦锅菜的专用锅。制作时将白芸豆同羊肉、
猪皮、图卢兹风味香肠、鸭油封肉放入其中，使肉的香味充分深入豆子中。
味道自然而浓郁，是当地极具魅力的人气美食。

材料（6人份）

白芸豆（干燥）800 克
猪皮 250 克
盐渍猪肋条肉 *1 1 条
仔羊肩肉（或羊头肉）500 克
猪背肉 300 克
图卢兹风味香肠 *2 1 根
蒜味香肠 *3 2 根

胡萝卜 1 根
中等大小洋葱 3 个
丁香 3 个
香草束（详见第 201 页）2 束
蒜 5 瓣
番茄 3 个
番茄酱 3 汤匙

油封鸭腿肉（详见第 218 页）6 根
鹅油 100 克
盐、胡椒粉、面包粉 各适量

*1 盐渍的方法请参照扁豆炖咸猪肉（详
见第 134 页）。

*2 撒少许胡椒粉在猪肩肉或猪肋条肉
上，绞成肉泥塞入肠衣制成。此香肠外
表呈旋涡状，制作时无须加热。

*3 带有浓厚蒜香味的猪肉香肠。

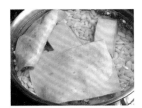

1 将白芸豆放入水中浸泡一晚，洗净后与猪皮、盐渍猪肋条肉一起放入锅中，小火炖煮10~15分钟。撇去汤中的浮沫，煮好后倒掉汤汁。

2 将煮好的猪皮放在锅底，再将沥去水分的白芸豆和盐渍猪肋条肉放在猪皮上。

3 锅中放入香草束、胡萝卜、1个插入丁香的洋葱、2瓣蒜和刚好没过所有食材的水，小火煮1个半小时。

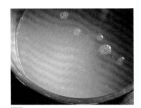

4 加盐调味，将香草束和猪皮以外的食材捞出，继续炖煮至汤汁浓稠。

5 鹅油加热后将1个切碎的洋葱和2瓣切碎的蒜放入锅中翻炒，倒入煮过的白芸豆和猪肋条肉继续翻炒。

6 用扦子在图卢兹风味香肠上戳几个小洞，防止加热时肠衣破裂。将其放入加了鹅油的锅中，煎至两面金黄后加少量水，盖上锅盖焖5分钟。

7 将猪背肉和仔羊肩肉切成小块。由于仔羊肩肉上的脂肪带有异味，所以在将其切成小块前应去除羊肉上的脂肪。切好后撒上小麦粉（材料外）。

8 另取一锅，放入鹅油加热，依次放入两种肉块煎制，撒盐调味。煎至肉块变色后盛入方形托盘中。撒少许胡椒粉，擦去煎锅中剩余的油脂。

9 用搅拌机将1个洋葱和1瓣蒜搅碎，也可用刀切碎。

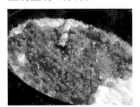

10 在步骤8的煎锅中放鹅油，将切碎的洋葱和蒜翻炒，加入用开水烫过、且剥皮去子并切碎的番茄、香草束和番茄酱。

11 待洋葱和番茄炒熟后关火，将锅中食材倒入汤锅，加入煎好的肉块和能够没过食材的水，撒盐和胡椒粉调味。盖上锅盖，放入200℃的烤箱烤90~120分钟。

12 肉软后将肉和汤分开。在一口大锅中放入白芸豆、猪肋条肉和其他肉块，再将步骤4中的汤汁和肉汤过滤后，倒入锅中。

13 加入切块的图卢兹风味香肠和蒜香香肠，小火加热。可加入盐和胡椒粉调味。

14 用85~100℃的鸭油炖煮鸭腿肉，煮90~120分钟制成油封肉后，放入烤箱烤制（详见第218页）。

15 准备一个陶制的深口盘或砂锅，将猪皮切成边长约10厘米的小块，油脂部分朝上放入盘底或锅底。

16 放入步骤13和14的食材，撒少许面包粉，放入鹅油，放进160℃的烤箱中加热1小时左右。待其表面变干后再放适量鹅油烤好即可。

猪油鸭肉甘蓝浓汤

Garbure

这是一道用油封鸭肉或油封鹅肉同甘蓝、土豆、芸豆等多种蔬菜一起炖煮制成的汤品。
这道料理起源于比利牛斯山脉南部的贝阿尔恩地区，是法国传统的地方料理，通常与法国乡村面包搭配食用。

材料（8人份）

白芸豆（干燥）250 克
韭葱 3 根
芜菁 3 个
胡萝卜 200 克
甘蓝 1 个
土豆 600 克

菜豆角 150 克
青豌豆 150 克
生火腿 1 片
意大利培根 400 克
鹅油 适量
香草束 1 束（详见第 201 页）
蒜 1/2 个

油封鸭腿肉（详见第 218 页）4 根
图卢兹风味香肠（详见第 105 页）
约 250 克
盐、胡椒粉、水 各适量

装盘
法式乡村面包 适量

1 将白芸豆放入水中浸泡一晚泡发。图左侧为浸水后的白芸豆，外表膨胀且略微发黄。

2 洗净除菜豆角和青豌豆以外的所有蔬菜，切成小丁，其中土豆切好后要放入水中浸泡。

3 用盐水将菜豆角煮熟后放入冰水中冷却，然后切碎，大小需与步骤 2 中的蔬菜相同。用盐水将青豌豆煮熟。

4 剥去意大利培根的皮，留下备用。培根切成细条，放入水中煮熟后切除多余的脂肪。

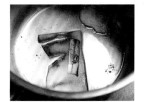

5 锅中放入鹅油和意大利培根的皮，开火加热。

6 放入煮好且沥去水分的培根条和切碎的生火腿翻炒。

7 放入胡萝卜丁、芜菁丁、沥去水分的白芸豆继续翻炒。

8 放入韭葱丁充分炒匀，然后倒入充足的水，没过所有食材。

9 放入香草束和蒜后炖煮，煮沸后撇去浮沫。

10 煮熟后放入沥去水分的土豆丁和甘蓝丁继续炖煮，加盐和胡椒粉调味。

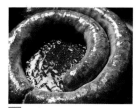

11 用扦子在图卢兹风味香肠上戳几个小洞，以防加热时肠衣破裂。将其放入加了鹅油的锅中，煎至表面金黄。倒入少量水，盖上锅盖焖 5 分钟左右。

12 香肠膨起且具有弹性时捞出，切成小块。

13 将油封鸭腿肉切成小块。

14 步骤 10 中的食材煮 1 小时后，倒入菜豆角、青豌豆、图卢兹风味香肠块和油封鸭块。

装盘
将料理盛出，搭配切成薄片的法式乡村面包食用即可。

勃艮第

概况

地理位置	位于法国中东部地区的丘陵地带，丘陵较缓，多葡萄田。塞纳河的支流约讷河、卢瓦尔河的支流索恩河均流经此地。
主要城市	第戎。从巴黎乘高速铁路前往此地花费不到2小时。
气　候	大陆性气候，夏季温和，冬季寒冷。
其　他	法国厨艺大师伯纳德·洛伊索（Bernard Loiseau）工作的索略就位于该地区中部。

特色料理

红酒烩鸡
将红酒与公鸡一同炖煮制成的料理。

芥末兔肉
芥末风味的炖兔肉。

莫尔旺烤饼
将煎培根放入面坯中烤成的厚饼。

卡斯通炖鸡
使用鲜奶油、芥子和孔泰奶酪制成的奶油炖鸡。

埃波塞斯奶酪馅饼
用埃波塞斯奶酪和火腿制成的馅饼。

香芹火腿冻
将欧芹放入勃艮第本地猪肉中制成。

烩鱼块
用白葡萄酒炖煮河鲈鱼等肉质紧实的淡水鱼制成的料理。

勃艮第地区位于法国中东部，北部为巴黎盆地，南部为中央高地。公元5世纪，勃艮第人在此建立了勃艮第王国，勃艮第地区的名称由此而来。11世纪，勃艮第公国成立，设第戎为首都。自此，这里变得愈加繁荣。勃艮第地区至今还保留着许多历史建筑，例如位于北部弗泽莱的世界遗产圣玛德琳大教堂，是前往西班牙圣地亚哥－德孔波斯特拉教堂朝圣的出发点之一，十分有名。

勃艮第地区的特产首推葡萄酒。西南部的优质葡萄酒产地与波尔多产区不相上下，以当地金丘为中心的葡萄酒产区受到历代勃艮第政府的保护，自古以来就生产多种优质的葡萄酒。在勃艮第地区，高品质的葡萄酒与上等的料理都是权力的象征，这里曾经制定了相关政策，奖励能够制作优质葡萄酒与美味料理的人。另外，由于该地与波尔多地区相比温度较低，所以这里种植的葡萄多为夏布利和黑皮诺等耐寒性较强的品种，其评定葡萄酒等级的方式较之波尔多地区也有所不同。波尔多地区以酒庄为单位对葡萄酒进行评级，而勃艮第地区是为每块葡萄田进行评级。

盛产葡萄酒的勃艮第地区在制作料理时当然也会经常使用葡萄酒。当地极具代表性的特

博讷距离第戎不远，这里有许多极具当地特色、屋顶彩色的医院。这里的"三日荣光"葡萄酒节和国际巴洛克音乐节等也非常有名。

第戎南部的金丘是法国著名的葡萄酒产地。其北侧的热夫雷－香贝丹等村被称为夜丘，南侧被称为博讷丘。

黑加仑利口酒是第戎的特产。当地人将其与阿里高特白葡萄酒混合制成基尔酒。

色料理如葡萄酒炖牛肉或葡萄酒炖公鸡等都会使用大量的葡萄酒，在制作芥末时也会使用葡萄酒和葡萄酒醋。将白葡萄酒和黑加仑利口酒混合在一起可制成基尔酒。芥末是第戎的特产，但也因基尔酒发源地这一身份，第戎世界闻名。除酒外，当地还生产许多葡萄酒的副产品，蜗牛就是其一。当地的葡萄田里生活着许多蜗牛，所以这些蜗牛也慢慢成为了这里的特色食材。当地人还会在榨出葡萄汁后，利用剩下的材料制作出一种名为渣酿的白兰地。诸如此类，不胜枚举。

当地还有一些其他特产，如被称为"克尔尼肖"的小黄瓜、芦笋、浆果、南部夏洛来地区养殖的瘦肉较多的牛和仔羊、靠近山地的莫尔旺地区生产的生火腿等肉制品。奶酪的种类也十分丰富，多生产牛奶奶酪和山羊奶奶酪。此外，加入了桂皮和肉豆蔻等香料的香料黑麦蛋糕也是当地有名的特产。勃艮第地区是法国重要的交通要道，东亚香辛料最早是经由此地传入法国的，所以当地也生产香辛料。总而言之，勃艮第地区是一个繁荣历史的地方。

勃艮第松露

除了莫尔旺的山地地区外，9月、10月勃艮第的许多地方都能采摘到这种松露。勃艮第松露表面为黑色，内部为巧克力色。外表看起来与佩里戈尔地区的松露十分相似，拥有独特的香味。

黑加仑

第戎自古以来就种植有"勃艮第之黑"之称的黑加仑，味道和香气都是黑加仑之最。另外，当地也生产黑加仑利口酒。

勃艮第蜗牛

一种壳为茶色且带有白色纹路的大蜗牛，十分罕见。传统的料理方式是将其用欧芹、黄油烹制后食用。收获季节为7月上旬。

第戎芥末酱

将黑色或茶色的芥子碾碎，加入醋或白葡萄酒熬炼，即可制成光滑的第戎芥末酱。外表为明黄色，口感辛辣。

●奶酪

勃艮第埃波塞斯奶酪

据说拿破仑一世非常喜欢这种牛奶制成的水洗奶酪，无须加压和加热即可制成。将其与渣酿白兰地搭配食用，风味更佳。

克劳汀德查维格诺尔奶酪（A.O.C）

这种奶酪为山羊奶奶酪，无须加热或加压即可制成。全年均可生产，但不同熟度风味却大不相同，经常作为前菜食用。

●酒／葡萄酒

勃艮第地区与波尔多地区和香槟地区一样，都是世界首屈一指的葡萄酒产地。勃艮第地区产有多种优质且获得A.O.C原产地质量认证的葡萄酒，将其排序大致可分为地区级、村庄级、一级葡萄园级和特级葡萄园级4种。其中，性价比最高的是地区级（勃艮第红葡萄酒等）葡萄酒，而最贵的是特级葡萄园级（夏布利特级葡萄酒等）葡萄酒。

另外，勃艮第地区产的葡萄酒还有一个特点，即一个葡萄园可能拥有多个生产者。同一个葡萄园生产的葡萄酒也可能因为生产者的不同而具有不同的风味。且当地一般不生产混合葡萄酒。

伫立在这座绿意盎然的"永恒之丘"上的城市便是弗泽莱。当地的圣马德莱娜教堂极具罗马建筑特色，所在的山丘已被列入世界遗产名录。

约讷河流经勃艮第西部的欧塞尔。如今河面上的游船络绎不绝，曾经是将葡萄酒运往巴黎的重要通道。

位于北部马尔马涅的丰特奈修道院建于12世纪，其建筑风格简单朴素，彰显出禁欲风格。

红酒炖牛肉

Bœuf bourguignon

用勃艮第产的红葡萄酒将牛肉腌渍入味，然后与腌肉的汁水和香味蔬菜一起经过长时间炖煮而成。这道料理可与糖渍洋葱、培根及香煎蘑菇一同食用，深受全法国人的欢迎，也是当地十分有名的料理。

材料（6人份）

牛腿肉（脂肪较少的部位）1.5 千克
胡萝卜 1 根
洋葱 1 个
欧芹茎 适量
蒜 2 瓣

香草束（详见第 201 页）1 束
红葡萄酒 750 毫升
盐、胡椒粉 适量
小麦粉 2 汤匙
小牛高汤（详见第 198 页）500~700 毫升
色拉油、黄油、粗盐、黑胡椒碎 各适量

配菜

香煎培根（详见第 218 页）、糖渍小洋葱（详见第 221 页）、香煎蘑菇（详见第 224 页）各适量
炸面包丁
　面包片 6 片
　澄清黄油、欧芹碎 各适量

1 将牛腿肉切成每块35~50克的小块，放入碗中。

2 放入切小块的胡萝卜、洋葱、蒜、欧芹茎和香草束。

3 向碗中倒入红葡萄酒，与食材充分混合后腌渍一晚。

4 牛腿肉和蔬菜吸收了红葡萄酒，会变成红褐色。

5 将牛肉块、蔬菜和汤汁分开放置。

6 将汤汁倒入锅中，开火煮沸，撇去浮沫。

7 牛肉块中撒少许盐和胡椒粉。锅中倒入色拉油和黄油，放入牛肉块，将表面煎熟。用红葡萄酒腌渍过的肉容易煎焦，所以用大火煎制时需格外注意。

8 捞出牛肉块，沥去水分。将煎牛肉剩下的汤汁与步骤6中的汤汁混合。

9 煎肉的锅中放入黄油，将步骤5中的蔬菜炒出水分，注意不要炒变色。

10 将牛肉块倒回锅中，撒入小麦粉翻炒。倒入步骤8中的汤汁和小牛高汤，加入粗盐和黑胡椒碎，盖上锅盖后放入150℃的烤箱烤90~120分钟。

11 待肉软后将其从烤箱中取出，静置，使汤汁渗入肉中。

12 捞出所有的牛肉块。将剩下的汤汁煮沸，撇去浮沫并放入百里香（材料外），待其散发出香味后放入黄油增加黏稠度，然后放入胡椒粉。

13 将牛肉块和所有配菜交替放入装盘用的锅中。

14 过滤步骤12中的汤汁，倒入牛肉块和配菜中，盖上锅盖，开小火保温。将用澄清黄油煎过的欧芹碎放在料理上，然后加入心形的炸面包片装饰即可。

蛙腿肉配蒜香奶油和罗勒酱

Cuisses de grenouilles poêlées, à la crème d'ail et au jus vert

用黄油将当地特产的蛙肉制成焖蛙肉，加入色香味兼具的新鲜香草酱和蒜香奶油制成，这道料理是现代法国料理界的代表厨师伯纳德·洛伊索先生创出的特色菜。如今作为勃艮第地区的新派料理，逐渐成为当地极具代表性的美味。

材料（4人份）

蛙腿肉 16 根
小麦粉、黄油、盐、胡椒粉 各适量

罗勒酱
欧芹 50 克
罗勒 20 克
香叶芹 20 克
黄油、盐、岩盐、胡椒粉 各适量

蒜香奶油
蒜 20~25 瓣
鲜奶油 100 毫升
盐、岩盐、胡椒粉 各适量

装盘
罗勒、香叶芹 各适量

1 在处理好的蛙腿肉（详见第 209 页）上撒一层薄薄的小麦粉，并在煎制前撒适量盐。

2 中火加热煎锅并放入黄油，待黄油冒泡时放入蛙腿肉，制作面拖蛙腿肉。将黄油充分淋在蛙腿肉上，煎至上色。

3 将蛙腿肉煎至焦黄色时捞出，放在吸油纸上吸去多余的油脂，撒少许胡椒粉。

4 制作罗勒酱。只需准备欧芹、罗勒和香叶芹的叶子部位。为使颜色更加好看，可在煮之前将叶子放入冷水冰镇。

5 待锅中水沸腾后放入岩盐（每升放入 27 克），使其接近海水的浓度。将沥去水分的叶子放入锅中。

6 叶子煮软后捞出，放入冰水中冷却。如果煮的时间过长可能会使其香味流失，因此需尽快捞出。

7 沥去叶子的水分，轻轻挤出剩下的水分并放入搅拌机中，加入少量煮叶子的汤汁搅成泥，加入适量盐调味。

8 准备一个小锅，倒入 20 毫升热水（材料外）煮沸，转小火后加入 80 克黄油，拌匀并使其乳化。

9 加入搅拌好的香草泥，为防止褪色需尽快拌匀，最后加入胡椒粉调味。

10 制作蒜香奶油。先将蒜连皮放入水中煮 2 分钟，去除苦味，蒜皮可锁住蒜香，因此要连皮煮。

11 剥去蒜皮，对半切开。小心剔去蒜芽，加入岩盐煮至柔软。

12 捞出大蒜，用流水冲凉，沥去水分后倒入搅拌机中，加入少量煮蒜剩下的汤汁一同打成泥。

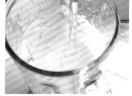 

13 将蒜泥倒入小锅炖煮片刻，然后分次加入少量鲜奶油并搅拌均匀。

14 加入盐和胡椒粉调味，再搅拌片刻使其更加柔滑。

装盘

将蛙腿肉盛盘，倒入蒜香奶油和罗勒酱，放罗勒叶和香叶芹装饰即可。

勃艮第蜗牛

Escargot à la bourguignonne

用蒜和欧芹熬炼黄油，与当地饲养的蜗牛一起放入带有凹槽的专用蜗牛餐盘中，放入烤箱烤制。
这道料理中的蜗牛肉拥有独特的风味，肉质紧实、弹性十足，加上黄油和香草的清香，堪称
极品。

材料（4人份）

食用蜗牛 24 个
黄油 10 克
红葱 1 个
勃艮第渣酿白兰地 1 汤匙

烤蜗牛黄油
黄油 490 克
红葱 15 克
蒜 35 克
欧芹 60 克
香叶芹 20 克
盐 15 克
胡椒粉 3 克
柠檬 1/2 个

1　煎锅中放入黄油加热，倒入蜗牛肉翻炒后，加入切碎的红葱和渣酿白兰地，继续翻炒片刻，然后移入方形托盘中冷却。

2　制作烤蜗牛黄油。室温下将黄油化开，再将制作烤蜗牛黄油的所有食材放入搅拌机中搅碎，室温下静置。

3　将少量烤蜗牛黄油挤入蜗牛餐盘中，放入蜗牛肉，然后再挤一层黄油，将其压实。

4　放入 180℃的烤箱中烤 10 分钟，趁热上桌。

奶酪咸泡芙
Gougère

这是一道将格吕耶尔奶酪撒在泡芙面坯上烤出的咸味小吃，与奶油泡芙十分相似，但奶油泡芙是空心的，不加奶油。
在勃艮第地区的酒窖中品酒时，主人会呈上这道料理。

材料（便于调制的量）

泡芙面坯
　牛奶 250 毫升
　黄油 100 克
　小麦粉 150 克
　盐、胡椒粉、肉豆蔻 各适量
　鸡蛋 4 个
格吕耶尔奶酪丝 50 克
鸡蛋 1 个

1　制作泡芙面坯。将黄油切成小块，把除小麦粉和鸡蛋外的所有材料混合，放入锅中加热。
2　待黄油沸腾时关火。倒入小麦粉与黄油充分混合，再次开火。
3　晃动锅时面糊能够粘在锅底上时，将其倒入碗中，一点点加入打散的蛋液。
4　将其挤在案板上，在表面涂抹蛋液，撒少许格吕耶尔奶酪丝。
5　放入 180℃的烤箱中烤 15~20 分钟。

向奶酪咸泡芙中挤入莫内酱

往烤得酥脆鲜香的奶酪咸泡芙中挤入浓郁的酱汁，能带来极致的享受。

材料（便于调制的量）

莫内酱
黄油 60 克
小麦粉 60 克
牛奶 400 毫升
蛋黄 2 个
格吕耶尔奶酪丝 80 克
盐、胡椒粉 各适量

1　制作莫内酱。将黄油放入锅中加热，撒入小麦粉充分拌匀，开中火煮沸。
2　关火，将牛奶一点点倒入其中，再次开火加热至沸腾，搅拌使其具有一定黏度，加盐和胡椒粉调味。
3　加入打散的蛋黄，汤汁再次沸腾，将蛋黄煮熟，加入格吕耶尔奶酪丝，酱汁制作完成。
4　冷却烤好的奶酪咸泡芙，并在底部挖一个小孔，将内部掏空。然后将稍冷却的莫内酱装入裱花袋中，裱花袋顶端套入一个圆形裱花嘴，将莫内酱挤入奶酪咸泡芙中即可。

红酒煮蛋

Œufs en meurette

先用红葡萄酒酱煮蛋，然后加入糖渍洋葱制成的美味料理。起初，这道料理是在制作红酒炖牛肉后的第二天，将剩下的酱汁再次利用而制作的，如今已经成为当地的传统料理了。

材料（6人份）

鸡蛋 8 个
红葡萄酒醋、红葡萄酒 各适量

酱汁
黄油 60 克
红葱 100 克
红葡萄酒 500 毫升
小牛高汤（详见第 198 页）300 毫升
香草束（详见第 201 页）1 束
盐、胡椒粉 各适量

配菜
培根 150 克
小个蘑菇 150 克
黄油 80 克
小洋葱 24 个
色拉油 适量
水、盐、黄油 各适量
砂糖 1 撮
炸面包丁
　面包片 8 片
　澄清黄油、欧芹碎 各适量

1 制作酱汁。将 40 克黄油倒入锅中加热，油热后倒入切碎的红葱，炒至透明。

2 倒入红葡萄酒，开中火炖煮，煮至其分量为原来的 1/3 时加入小牛高汤和香草束。继续炖煮将汤汁煮至原来的一半，加入盐和胡椒粉调味。

3 必要的话可加入黄油和面粉芡料增稠，煮好后用滤网过滤。将剩下的黄油切成小块放入汤汁中，慢慢搅拌均匀。

4 制作配菜。向煎锅中倒入黄油和色拉油，油热后加入蘑菇，翻炒至变色。

5 将培根切成条，放入水中焯一下，焯好后将汤汁倒掉。煎锅中倒入黄油和色拉油，油热后倒入焯好的培根并炒至变色。

6 将小洋葱同水、盐、砂糖、黄油一同倒入锅中，盖上锅盖加热 15 分钟左右。待洋葱煮熟后打开锅盖，继续炖煮使水分蒸发，并令洋葱裹上糖浆变成焦黄色。

装盘
将红葡萄酒和红葡萄酒醋倒入锅中煮沸，再加入鸡蛋煮至半熟。将煮好的鸡蛋盛入汤碟中，然后加入配菜并浇淋酱汁。用澄清黄油炸切丁的面包，制成炸面包丁，然后撒上欧芹碎。最后将撒了欧芹碎的炸面包丁放在料理旁装饰即可。

阿尔萨斯、洛林

地理位置	位于法国东北部的内陆地区，与德国和瑞士等国接壤。莱茵河流经东部，两个地区通过孚日山脉相连。
主要城市	阿尔萨斯的主要城市为斯特拉斯堡，洛林地区的主要城市为梅斯。
气　候	大陆性气候，温差较大，冬季十分寒冷，东部降水量较少。
其　他	洛林地区为圣女贞德的出生地，还是巴卡拉玻璃的发源地。

特色料理

土豆洋葱烘肉
将肉、香味蔬菜和土豆用白葡萄酒炖煮制成。

阿尔萨斯水手鱼
用阿尔萨斯葡萄酒炖煮鳗鱼、河鲈等淡水鱼制成。

炖鹅
先将鹅肉烤熟，然后放入香味蔬菜一起炖煮而成。

黄香李酒炖兔肉冻
加入黄香李酒制成的兔肉冻。

蒲公英培根沙拉
用蒲公英的叶子和烤得香脆的培根制成的沙拉。

鳟鱼水手鱼
将鳟鱼用黑皮诺葡萄酒炖煮制成。

洛林馅饼
将猪背肉和仔牛腿肉包入馅饼中制成的料理。

阿尔萨斯和洛林地区位于法国东北部的内陆地区，两者由孚日山脉相连。有许多大城市，如拥有众多玫瑰色大教堂、欧洲议会所在地斯特拉斯堡、多木质房屋的科尔马、洛林地区的首府梅斯以及新艺术派著名艺术家艾米里·加利的出生地南锡等。

孚日山脉的东侧为阿尔萨斯，西侧为洛林，与德国等国接壤，曾有过多次领土争端。最终洛林和阿尔萨斯分别于1919年和1944年成为法国的固有领土，但这两个地区至今仍然深受德国影响，这种影响不仅包括语言、艺术，还包括饮食。二者与德国在饮食方面有诸多相同，例如当地盐渍发酵的甘蓝食品腌酸甘蓝同德国的酸菜类似，当地的猪肉、火腿及香肠等熟食以及土豆和咸味馅饼都与德国有共通之处，这里也与德国一样有饮用啤酒的习惯。

说起特产，阿尔萨斯地区的甘蓝、芜菁、甜菜、产自莱茵河的河鱼以及孚日山麓中的野味、蘑菇和核桃等特产都十分有名。另外，外表略带红色的玉米、鹅肝都是有名的特产。洛林地区的蒲公英叶、土豆、采摘于山麓的蘑菇、榛子和冷杉树蜂蜜等十分有名。除上述

科尔马位于阿尔萨斯地区中部，境内的运河两旁矗立着许多彩色的木质房屋，这里历史悠久，有"小威尼斯"的美称。

黄香李是洛林的水果名产之一，用它制成的果子露和果子馅饼都非常美味。其主产地为梅斯，每年8月，这里都会举办各种活动以庆祝黄香李节。

圣奥迪尔山位于斯特拉斯堡近郊的孚日山脉，山崖处的修道院用以祭奠阿尔萨斯的守护圣女奥迪尔。

特产外，当地也多养殖猪和仔牛等家畜。另外，这里是伟图矿泉水的重要水源地，周边河流中的鳟鱼和青蛙也是著名的特产。阿尔萨斯地区较为干燥，而洛林地区降水较多，虽然两地存在气候差异，但都盛产梨和浆果等水果，且洛林地区的水果黄香李更是颇具盛名。

说起葡萄酒，孚日山脉东侧的阿尔萨斯气候干燥，所以相比洛林更适合葡萄生长。阿尔萨斯生产了许多优质的白葡萄酒，当地利用牛、猪、羊肉与土豆、洋葱一同炖煮制成的特色料理土豆洋葱烘肉就多使用白葡萄酒。这里生产的葡萄酒几乎都是单酿，十分独特，如雷司令和琼瑶浆等。

洛林地区生产的葡萄酒较少，玛德琳蛋糕、马卡龙和朗姆酒小蛋糕等点心却十分受欢迎。这是因为 18 世纪这里的领主、生于波兰的雷古成斯基是著名的美食家。洛林拥有众多美食，与阿尔萨斯相比各有千秋，毫不逊色。

奥内克山是阿尔萨斯和洛林地区的主要分界线，海拔 1316 米，在孚日山脉中排名第三。周边分布着许多滑雪场。

姐妹之家马卡龙店出售的马卡龙为南锡特产，简单香脆，十分美味。据说该店在中世纪时期学习了修道院的马卡龙制法，一直延续至今。

摩泽尔河流经洛林地区的首府梅斯，新罗马风格的新教教堂便建立在这条河中的沙洲上。这座教堂是 20 世纪初期德国占领该地时建造的。

酸菜炖熏肠

Choucroute alsacienne

将猪肉、香肠和甘蓝一同炖煮，即可制成这道简单又美味的阿尔萨斯传统料理。
甘蓝是经盐腌制的腌酸甘蓝，与德国的酸菜为同一物。

材料（8人份）

猪肉（猪背肉、猪肩肋肉、猪头肉等）1千克
培根 500 克
猪小腿肉（或咸猪蹄）4 根
猪皮 250 克
胡萝卜 1 根
洋葱 1 个
丁香 1 个

韭葱 1 根
香草束（详见第 201 页）1 束
粗盐、白胡椒粒 各适量

腌酸甘蓝 1.2 千克
猪油 120 克
切薄片的洋葱 1 个
切薄片的胡萝卜 1 个
香草束（详见第 201 页）1 束

猪皮 100 克
杜松子 20 克
白葡萄酒（阿尔萨斯产）300 毫升
鸡高汤（详见第 198 页）600 毫升
盐、胡椒粉 各适量

熏制香肠 4 根
斯特拉斯堡香肠 8 根
土豆 1.2 千克
欧芹碎、芥末 各适量

 1 准备炖肉用的香味蔬菜。将韭葱青色的部分切开，洗净后用棉线绑起。将丁香插入洋葱中。

 2 将猪肉（本次使用猪头肉和猪里脊肉）和培根切成大块。

 3 煎锅中倒入猪油，中火将猪肉块表面煎至褐色。也可直接炖煮，但煎过的猪肉更香。

 4 将韭葱、洋葱、猪肉块、胡萝卜、香草束、猪小腿肉和猪皮倒入圆筒形深底锅中，加清水（材料外）没过食材，大火炖煮。

 5 加粗盐继续炖煮，汤汁沸腾时撇去浮沫。接着加白胡椒粒，转小火炖煮。

 6 炖煮两三个小时。过程中如果水量减少可适当加入清水，保持浸没食材的状态，防止肉变干。

 7 煮至小刀可轻松刺入肉中即可。

 8 关火，捞出肉块并盛入方形托盘中。盖一层保鲜膜，放在温暖处保存。

 9 将过滤后的汤汁倒入深底锅中。

 10 汤汁中加入斯特拉斯堡香肠，炖煮几分钟后将香肠捞出。

 11 将剩下的猪油倒入一个深口锅中，加入切薄片的胡萝卜和洋葱，小至中火炒软。

 12 加入猪皮、香草束和敲碎的杜松子炒匀。盖上锅盖，将蔬菜焖软。

 13 将腌酸甘蓝洗净，挤出水分后放入锅中，倒入白葡萄酒和鸡高汤。

 14 加盐和胡椒粉，盖上锅盖，放入140℃的烤箱中烤制60~90分钟后取出，将猪皮切碎，与腌酸甘蓝拌匀，加入煮好的猪肉块和熏制香肠即可。

装盘

土豆削皮，放入盐水中煮熟。将猪肉块和香肠切成适口大小，放入已经摆好腌酸甘蓝的盘子中。将两端撒了欧芹碎的土豆盛盘，再将芥末盛在另一容器中搭配即可。

威士莲葡萄酒风味蛙肉慕斯

Mousse de grenouille au riesling

将蛙腿肉肉泥与鲜奶油和鸡蛋白混合上锅蒸，再倒入用蛙骨和当地名产威士莲白葡萄酒制成的酱汁制成。蛙肉慕斯丝滑柔和的口感搭配威士莲葡萄酒酱，堪称极品。

材料（8 人份）

蛙肉慕斯
蛙腿肉 100 克
扇贝肉 100 克
切块鲈鱼 100 克
蛋清 2 个
鲜奶油 100 毫升

盐、胡椒粉 各适量

威士莲葡萄酒酱
蛙骨 适量
鸡翅 100 克
红葱 1 个
蘑菇 50 克
威士莲白葡萄酒 200 毫升

鱼高汤（详见第 199 页）200 毫升
鲜奶油 150 毫升
色拉油、黄油 各适量

菠菜 100 克
黄油、盐、胡椒粉 各适量

装盘
装饰用蘑菇（详见第 225 页）适量

1 将提前处理好的蛙腿肉（详见第 209 页）、扇贝肉和鲈鱼块放入搅拌机中打碎。

2 加入蛋清，使所有食材混合均匀。

3 加入少量鲜奶油。

4 拌匀后盛出，过滤。

5 将过滤好的食材倒入碗中，隔冰水冷却。加入剩下的鲜奶油，制作出口感顺滑的慕斯，加盐和胡椒粉调味。

6 将菠菜用盐水焯过后放入冰水中冷却，然后在厨房用纸上摊开，吸干水分。

7 准备几个模具，在内侧涂抹黄油，然后铺上菠菜。

8 将蛙肉慕斯塞入模具并压实，轻磕去除中间的空气，然后将模具外的菠菜盖在慕斯上。

9 将模具放入铺好厨房用纸的方形托盘中，放入 140~150℃的烤箱隔水加热约 15 分钟。

10 制作威士莲葡萄酒酱。锅中倒入色拉油和黄油，油热后加入切碎的蛙骨和鸡翅翻炒。

11 炒出颜色后倒入切成适当大小的红葱和切片的蘑菇，继续翻炒。

12 待蘑菇变软后，倒入白葡萄酒和鱼高汤炖煮。

13 煮至汤汁具有一定黏稠度后将其过滤。

14 加入鲜奶油，持续搅拌至汤汁可粘在汤匙背面即可。最后加入盐和胡椒粉调味。

装盘
将威士莲葡萄酒酱盛盘，再将切好的蛙腿肉慕斯和装饰用的蘑菇盛入其中。可加入香煎蛙腿肉装饰。

洛林糕
Quiche Lorraine

将当地产的培根放在咸味法式挞皮面坯上，再将主材为鸡蛋和鲜奶油的阿帕雷酱倒入其中，放入烤箱烤制即可。

这道菜的名称源自德语中的蛋糕，从面坯和加工肉制品的方法就可以看出，这道料理受德国的影响较大。

材料（8 人份）

法式挞皮面坯（详见第 217 页）

阿帕雷酱
鸡蛋 2 个
蛋黄 1 个
鲜奶油 250 毫升
盐、胡椒粉、肉豆蔻 各适量

配菜
培根 180 克
格吕耶尔奶酪碎 100 克
黄油 适量

1 先在案板上撒少许面粉（材料外），将法式挞皮面坯摊开，转动面皮并均匀擀至厚度为两三毫米。

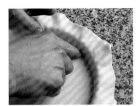
2 将面坯摊在直径为20厘米的馅饼模具上，按压面坯使其与模具贴合。

3 按压模具边缘，去除多余的面坯。

4 用叉子在面坯底部戳几个气孔，用镊子在面坯边缘夹出图案。放入冰箱冷藏。

5 待面坯冷却且更加紧实时取出。在上面铺入一层烘焙纸并放入重物，以防烤制过程中面坯皱起。放入160℃的烤箱中烤15~20分钟。

6 烤好后涂抹蛋黄（材料外），并放入烤箱再烤1分钟，将蛋黄烤干。蛋黄形成的一层膜能有效防止阿帕雷酱中的水分浸透面坯。

7 制作阿帕雷酱。将鸡蛋、蛋黄充分打散并搅匀，加入鲜奶油。

8 加入盐、胡椒粉和擦成细丝的肉豆蔻。

9 充分拌匀后过滤，制成口感顺滑的阿帕雷酱。

10 去除培根较硬的部分，切成肥瘦相间、宽约5毫米、长为三四厘米的条。

11 煎锅中倒入黄油，放入培根条中火翻炒至金黄色后捞出，并去除锅中多余的油脂。

12 将培根条和一半的格吕耶尔奶酪碎均匀地撒在法式挞皮面坯上。

13 倒入阿帕雷酱至八分满。

14 撒上剩下的格吕耶尔奶酪碎，放入160℃的烤箱中烤约20分钟即可。

洋葱培根烤饼（火烧挞）

Flammenkuche

这是一道将洋葱、培根、鲜奶油放入薄薄的面包坯中烤制而成的料理。与比萨十分类似，区别在于不使用奶酪。

洋葱培根烤饼又称"火烧挞"，意为"炎热的蛋糕"，据说原本是用面包炉预热时剩下的面包坯为原料制作的。

材料（8人份）

面坯
　鲜酵母 25 克
　温水（约 25℃）190 毫升
　小麦粉 300 克
　盐 2 克

配菜
培根 250 克
洋葱 1 个
浓鲜奶油* 250 克
盐、胡椒粉 各适量

*乳酸发酵的鲜奶油。与酸奶油相比其酸味更加柔和。

1　制作面坯。将鲜酵母倒入温水中溶化。

2　将小麦粉和盐倒在案板上，在小麦粉中间挖一个孔，分次倒入酵母水。将小麦粉一点点揉匀，直至揉成一个光滑的面团。

3　将面团揉圆后，包裹一层保鲜膜，放入冰箱醒 1 个半小时。

4　制作配菜。去掉培根的皮，切成条。

5　将洋葱切成薄片。

6　从冰箱中取出面团并擀薄，边缘稍向内侧弯曲。静置发酵 15 分钟。

7　将培根条和洋葱片撒在面坯上，撒少许盐和胡椒粉。放入烤箱，230℃烤 10~15 分钟。中间取出一次，加入浓鲜奶油，然后放回烤箱继续烤至奶油沸腾即可。

利穆赞、奥弗涅

概况

地理位置	位于法国中南部的高地。东部多火山，故温泉较多。西部地区为田园、牧草地带，多森林和湖泊。
主要城市	利穆赞地区的主要城市为利摩日，奥弗涅地区的主要城市为克莱蒙费朗。
气　候	大陆性气候，昼夜温差较大，冬季十分寒冷。
其　他	奥弗涅南部的勒皮昂维内及周边地区盛行编织蕾丝。

特色料理

康塔尔鸡蛋
用鸡蛋同贝夏美调味酱、康塔尔奶酪一起制成的奶酪烤菜。

布莱亚德炖羊腿
用白葡萄酒炖煮羊腿肉，再加入土豆制成的料理。

珀昂提
一种用肉、香草、梅干制成的陶罐菜。

奥弗涅肉杂菜
将馅料塞入仔牛或仔羊胃中制成的小包袱形的料理。

布雷焦德
利穆赞版的蔬菜牛肉浓汤。用培根和根菜类蔬菜制成。

布莱亚德煎蛋卷
加入火腿和土豆制成的煎蛋卷。

法式白菜汤
用甘蓝、洋葱、土豆和培根制成的汤品。

利穆赞、奥弗涅地区地处法国中南部的内陆地区。利穆赞位于西侧，与佩里戈尔地区和普瓦图地区相邻，首府为利摩日，这里生产的利摩日陶瓷独具匠心、十分有名。奥弗涅地区位于东侧，首府为克莱蒙费朗，因其为19世纪创立的米其林轮胎公司总部所在地而被人们熟知。米其林轮胎公司曾为方便顾客驾车编订了导游手册，随着法国旅游业的发展，这一手册流行开来。

克莱蒙费朗又称"黑色之城"，因市内古老的房屋、教堂都是以周边开采的黑色熔岩为材料建成的，故得此名。另外，奥弗涅地区是因几座火山喷发而形成的，这些火山如今都为休眠火山，其外表为圆锥形且前后相连，附近分布着众多险要的溪谷、温泉以及喷涌着矿泉水的水源地，为法国著名的山岳地带。

当地气候严峻，耕地面积狭小，尽管出产蘑菇、野味和河鱼，但农业却并不发达。南部的多姆山盛产小扁豆、甘蓝、蒜、蓝莓和板栗等特产，也有人工饲养的家畜，如牛、羊和猪等。穆特伊罗和波提蔬菜牛肉浓汤是当地的传统料理，使用当地生产的肉类、内脏以及熟食制成，十分美味。另外，当地畜牧业发达，所

利穆赞地区多平缓的丘陵，牧草地上能看到许多正在吃草的牛。这里的牛多为茶色，瘦肉较多，品质极佳。

昂贝尔位于克莱蒙费朗东南。2000多年以前，这里就生产出了蓝色的佛姆·德·阿姆博特奶酪。

富维克镇位于奥弗涅火山自然公园内，为法国著名的水源地，托诺埃尔城堡便建在这里。登上城堡可观赏到沿阿利埃河分布的利马涅盆地及佛雷山脉等美丽的景色。

以也发展奶酪产业，法国最古老的奶酪康塔尔奶酪和蓝色的佛姆·德·阿姆博特奶酪均产自这里，十分有名。当地制作的料理总体风格较为朴素，给人以稳重之感。

与奥弗涅地区相比，利穆赞地区的山势并不险要，多为风景优美的田园地带，森林和湖泊较之前者也更多。利穆赞地区气候温暖，适宜农业发展。这里种植了许多水果，其中当地的点心克拉夫樱桃布丁便是用这里生产的黑樱桃等水果制成的。虽然这里生产的奶酪较少，但畜牧业较为发达，能够生产各种熟食，利穆赞牛是当地著名的特产。另外，利穆赞和奥弗涅也有部分相似之处，例如两地都盛产加入板栗制成的猪血香肠等。靠近佩里戈尔的地区还盛产松露等菌类以及野兔等野味。

至于葡萄酒，两地生产的葡萄酒都不多，由于土地原因，这里生产的葡萄酒只够当地人饮用，但是用利穆赞地区的橡木制成的酒桶却被公认是制出优质葡萄酒的重要材料。

多姆山小扁豆（A.O.C）
多姆山位于奥弗涅地区，山上多火山灰，这种小扁豆就种植在多姆山中有火山灰的地方。多姆山产的小扁豆豆质细腻，口感稍甜，外皮轻薄且为淡绿色，容易煮熟，深受人们喜爱。

杏
主要种植在克莱蒙费朗西北部的里永镇。奥弗涅地区的水果糖就经常使用这种杏。

阿利埃鲑鱼
产于奥弗涅中部呈南北走向的阿利埃河中，出生后会沿卢瓦尔河游向大西洋，随后再次回到阿利埃河中。但由于卢瓦尔河建造了拦河坝，所以数量正在不断减少。

猪肉
奥弗涅地区极具代表性的家畜。这种猪从头到脚均可食用，经常被加工制成熟食出售。

萨莱牛
一种肉牛，又可产奶制造奶酪。风味独特且肉质鲜嫩，质量得到了业界的充分认可。

●奶酪

康塔尔奶酪（A.O.C）
用牛奶制成的奶酪，味道较为温和。制作这种奶酪时无须加热和加压。产生于2000多年前，是法国历史最悠久的奶酪。

昂贝尔奶酪（A.O.C）
利用无菌牛奶制成的蓝色奶酪，制作时无须加压和加热。表面青色的霉菌呈霜状，口感润滑，味道较为清淡。1976年取得A.O.C原产地质量认证。

米罗奶酪
米罗奶酪是一种用生牛奶或无菌牛奶制成的半硬质环形奶酪，制作时无须加压和加热。20世纪初，当地人为了使圣内克泰尔奶酪尽快成熟，在中间挖了一个小洞，而这种中间挖了洞的奶酪就叫做米罗奶酪。

●酒/葡萄酒

圣普尔善
奥弗涅地区阿利埃的19个市镇村都有葡萄园，这种酒便是以这些葡萄园生产的葡萄为原料制成的，拥有V.D.Q.S优良地区餐酒认证。该品牌的白葡萄酒十分有名，同时还盛产红色、玫红色、灰色的葡萄酒。

勒皮马鞭草酒
马鞭草自古以来就被视为草药，这种酒就是用马鞭草的叶子等32种香草酿造的白兰地制成的利口酒。

红宝石古镇位于利穆赞南部，正如其名，该小镇的建筑几乎全部为红色。这是因为该地的建筑物全都是用当地自产的红色砂岩砖搭建而成。

利穆赞地区的于泽尔克位于韦泽尔河弯曲度较大之处，为多尔多涅河的支流。这里拥有众多美丽壮观的建筑，有"利穆赞珍珠"之称。

多尔多涅河流经利穆赞、奥弗涅地区南部的康塔尔省和科雷兹省，在这里形成了美丽的溪谷，是大自然的宝库，人们可在这里享受徒步旅行的乐趣。每年都有许多候鸟飞往此处。

甘蓝包肉
Chou farci braisé

先将猪肉末、蒜、洋葱、面包粉和鸡蛋等食材拌在一起制成馅料，再用甘蓝包起，然后同香味蔬菜一起炖煮，制成这道料理。

为制出球形的甘蓝包肉，可用布将其包裹，团出形状，再用棉线绑起来，防止在加热过程中裂开。

材料（6人份）

皱叶甘蓝 1 棵

馅料
  猪里脊 250 克
  猪背肉 350 克
  蒜 2 瓣
  洋葱 1/2 个

面包粉 60 克
牛奶 适量
鲜奶油 适量
鸡蛋 1 个
蛋黄 1 个
欧芹碎 2 汤匙
马得拉酒、黄油、盐、胡椒
粉 各适量

底汤
胡萝卜 50 克
洋葱 50 克
培根 100 克
蒜 1 瓣
百里香 1 支
小牛高汤（详见第 198 页）500 毫升
黄油、盐、胡椒粉 各适量

配菜
根菜类蔬菜（详见第
226 页）

1 将皱叶甘蓝的叶子一片片剥下，放入热盐水中煮至叶片变软，捞出后放入冰水中冷却。冷却后沥干水分，去除甘蓝心。

2 制作馅料。将蒜和洋葱切碎，用黄油翻炒出水分，避免炒变色，炒好后盛入方形盘中冷却。

3 取等量的牛奶和鲜奶油混合，加入面包粉、鸡蛋和蛋黄，充分搅拌均匀。

4 用搅拌机将猪里脊和猪背肉绞碎，同欧芹碎混合，加入步骤2和3中的食材，撒盐和胡椒粉调味。充分拌匀后倒入马得拉酒。

5 拌匀后取少量馅料用铝箔纸包裹起来，烤熟并试吃，可适当加入盐和胡椒粉。

6 取一块干净的餐布，打湿后拧出多余水分。将皱叶甘蓝铺在摊开的餐布上。铺在最下方的甘蓝在团出形状后将露在最外边，所以应选取颜色较好的叶片。

7 铺3层叶片，稍稍错开并相叠。

8 将馅料放在上面，用甘蓝叶盖起。包裹馅料时可适当增加甘蓝叶片的数量，防止馅料漏出。

9 提起餐布的四角合在一起，轻轻拉紧，挤出其中的水分。

10 打开餐布，将甘蓝包肉的形状整理呈圆形。用棉线呈放射状捆绑。

11 将培根切小块，胡萝卜和洋葱切成边长约1厘米的小块。锅中放入黄油，待黄油化开后倒入培根块、胡萝卜块和洋葱块，加蒜、百里香和马德拉酒。

12 放入甘蓝包肉，沿锅边倒入小牛高汤并放少量黄油。将少量汤汁浇在甘蓝包肉表面，盖上锅盖，放入160℃的烤箱烤制。

13 用铁扦刺入甘蓝包肉中，当整根铁扦变烫时取出甘蓝包肉，并解开棉线。捞出汤中的培根，作配菜使用。

14 过滤汤汁后继续炖煮，使汤汁更加浓郁和黏稠。用汤匙轻轻搅拌，煮至汤汁能够粘在汤匙上即可。加入盐和胡椒粉调味即可。

装盘
将甘蓝包肉盛盘，倒入汤汁，用配菜装饰即可。

脆皮熏肠土豆片配芥末酱

Saucisses fumées et confites, truffade de pomme de terre, un jus à la moutarde à l'ancienne

将猪肉香肠熏制后浸入鹅油中，土豆片和托姆奶酪制成香煎土豆片。两者搭配在一起即可制成这道鲜香味美的传统料理。一般使用当地的山毛榉树叶熏制香肠。

材料（8人份）

香肠
  猪肋肉 400 克
  猪里脊 160 克
  猪喉肉 40 克

香肠调味料（便于调制的量。每千克肉使用 16 克调味料）
  盐 1 千克
  肉豆蔻衣* 1 克

  白胡椒 2 克

*一种香甜且略带苦味的香辛料。是将肉豆蔻的皮剥下晒干制成的，较之肉豆蔻味道更加细腻。

猪肠 适量

樱花片、鹅油 各适量
蒜（带皮）1 头

芥末酱
鸡翅 200 克
蒜 1 瓣
红葱 1 个
百里香 1 枝

白葡萄酒 50 毫升
鸡高汤（详见第 198 页）400 毫升
橄榄油 20 毫升
黄油 20 克
芥末粒 40~50 克
盐、胡椒粉 各适量

煎土豆片（详见第 223 页）适量

1 将猪肋肉、猪里脊和猪喉肉倒入搅拌机中搅成肉泥，根据肉的重量准备调味料。将调味料倒入肉泥中。

2 将猪肉泥揉匀，让脂肪均匀分布。

3 将猪肉泥装入裱花袋，猪肠在盐水中浸泡后捞出。将裱花袋的顶端塞入猪肠中，慢慢挤入猪肉泥。

4 每隔15厘米左右将香肠扭转一次，用棉线将节点和香肠的两端分别捆紧。用牙签在肠衣上戳几个空气孔。

5 将樱花片倒入铁锅，点燃樱花片。

6 先将香肠放在架子上，然后放入锅中，防止与樱花片粘连。

7 可用大碗盖在锅上拢住烟雾。由于烟雾的污垢很难清洗，可在大碗内侧围一圈铝箔纸。将火时开时关，使樱花能不断冒出烟来熏制香肠。

8 待香肠表面呈均匀的黄褐色时取出。熏制时间为15~20分钟，前10分钟的温度需调低，且不要打开大碗，防止烟从锅中逸出。

9 将鹅油倒入锅中加热至85~90℃，放入熏好的香肠。加蒜，保持恒温煮120~150分钟。

10 制作芥末酱。热锅中倒入橄榄油和黄油，放入切成大块的鸡翅翻炒至变色。

11 加入切成适当大小的蒜、红葱和百里香，中火炒软。

12 盛出食材，沥出油分后倒回锅中，加入白葡萄酒，继续炖煮，接着倒入鸡高汤炖煮，使鸡肉的香味融入汤汁。

13 盛出食材，稍稍炖煮汤汁，加入黄油（材料外）增稠。

14 再次过滤，将准备好的芥末粒分几次倒入汤汁中并搅拌均匀，加热但不要煮沸。加盐和胡椒粉调味。

装盘

将切好的香肠盛入盘中，加入土豆片，倒入芥末酱即可。

扁豆猪肉沙拉

Salade de lentilles vertes du Puy, museau, pied et oreille de cochon

这是一道用扁豆粒以及处理好的猪耳、猪鼻和猪蹄肉制成的美味，是当地传统料理中的一道前菜，稍微加热即可食用。

将猪肉慢慢炖煮，去除猪肉的异味，令其散发出极具魅力的味道。

材料（6人份）

猪耳 2 片
猪鼻 1 个
猪蹄 1 根
清汤（详见第 200 页）适量

扁豆粒 180 克
鸡高汤（详见第 198 页）2 升

对半纵切的胡萝卜 1 根
对半纵切的洋葱 1 个
插入洋葱中的丁香 2 个
香草束（详见第 201 页）1 束
蔬菜丁（胡萝卜、洋葱、芹菜）60 克

黄油 30 克
盐、胡椒粉、白胡椒 各适量

酸醋调味汁（详见第 202 页）适量
红葱碎、欧芹碎 适量

装盘
野莴苣 适量

1 准备猪耳、猪鼻和猪蹄。需提前用喷枪将猪鼻表面的猪毛烧掉。

2 用干毛巾将猪鼻表面擦拭干净，擦掉烧焦的猪毛和污垢。猪耳和猪蹄也用同样的方法处理干净。

3 将猪耳、猪鼻和猪蹄放入锅中，倒入清水（材料外）大火煮沸。煮至汤中漂起浮沫时捞出。

4 焯水后的猪耳、猪鼻和猪蹄放入清汤中，加盐、白胡椒继续炖煮，撇去汤中的浮沫，令汤保持微微沸腾的状态。

5 待猪耳、猪鼻和猪蹄煮软时捞出。由于猪鼻表面的皮较硬，可趁热用小刀削去表面的皮。

6 剔下附着在猪耳软骨上的肉。冷却时很难剔，所以要在其变凉之前进行。猪蹄也以同样的方式将肉剔下。

7 将处理好的猪耳、猪鼻和猪蹄切成边长约 1 厘米的小块。

8 将扁豆粒、胡萝卜、洋葱、香草束和鸡高汤倒入锅中，小火炖煮。

9 煮至扁豆粒八分熟时加盐，在扁豆粒煮烂之前关火，捞出扁豆粒。

10 制作蔬菜丁。剔下芹菜上的筋，将芹菜切成边长约 5 毫米的小丁。胡萝卜和洋葱也切成同样大小。

11 小至中火热锅，倒入黄油，将洋葱炒出水分，注意不要炒变色。加入芹菜丁和胡萝卜丁继续翻炒，加盐和胡椒粉调味。

12 稍稍加热猪肉块，与扁豆粒和蔬菜丁混合，倒入酸醋调味汁、红葱碎和欧芹碎搅拌均匀。

装盘
将料理盛盘，再将野莴苣摆在四周装饰即可。

扁豆炖咸猪肉
Petit Salé

当地有许多用盐渍猪肉制成的美味料理，这道料理也不例外，是用扁豆与盐渍猪肉一起炖煮制成的。

在当地的传统做法中一般不会加入扁豆，但近年来许多料理店都将其加入其中，所以扁豆逐渐成为这道料理中的固定食材了。

材料（4人份）

猪小腿肉（或咸猪蹄）1 根
盐渍猪肩肉＊ 800 克
盐渍猪肋肉＊ 800 克
洋葱 2 个
蒜 2 瓣
胡萝卜 3 根
韭葱 2 根
芜菁 4 个
土豆 8 个
皱叶甘蓝 1 棵
香草束（详见第 201 页）1 束
丁香 2 个
黑胡椒粒 适量

配菜
扁豆粒 200 克
黄油 适量
意大利培根 100 克
洋葱 1/2 个
胡萝卜 1/2 根
炖猪肉的汤汁 适量
盐、胡椒粉 各适量

1 将猪小腿肉纵向对半切开，盐渍猪肩肉和猪肋肉切成大块，用棉线捆起来。

2 将所有猪肉、插入丁香且对半切开的洋葱、对半纵向切开的胡萝卜、蒜和香草束放入深口锅中，倒入清水（材料外）并开火，加入黑胡椒粒。

3 待汤汁沸腾时撇去浮沫，放入切成大块并用棉线绑起的韭葱，小火慢炖 3 小时。

4 过程中将去皮后对半切开的土豆、平均切成 4 块的皱叶甘蓝和去皮的芜菁放入锅中，继续炖煮熟。

5 制作配菜。锅中放入黄油，倒入切成条的意大利培根，炒出香味。

6 加入切成小块的洋葱和胡萝卜，开小至中火翻炒，炒软后加入扁豆粒和炖猪肉的汤汁，汤汁的量需刚好浸没食材。待扁豆粒变软后转小火炖煮。最后加盐和胡椒粉调味。

装盘
将配菜铺在深碟底部，将其他食材摆在上面即可。

＊盐渍猪肩肉和盐渍猪肋肉的制作方法
盐渍液：水 5 升、粗盐 750 克、砂糖 100 克（也可放入百里香、月桂皮等调料）

1 将水煮沸后加入粗盐和砂糖，待其完全溶化后关火、冷却。用小刀在肉上戳几个孔，以便盐渍液更好地渗入肉中。
2 将肉浸泡在盐渍液中腌渍 2 日。之后放入清水中浸泡半日至 1 日，稍稍去除其中的盐分。

土豆泥拌奶酪

Aligot

将热腾腾的土豆捣成泥后，加入新鲜的托姆奶酪，再混入捣成泥的蒜等食材，反复揉捏，直至其具有如年糕一样的黏度。虽然它只是其他料理的配菜，但这道当地特产却格外有名。

材料（8 人份）

土豆 1.2 千克
托姆鲜奶酪 600 克
蒜 2 瓣
黄油 140 克
脂肪含量为 45% 鲜奶油 350 毫升
盐 适量

1 洗净土豆并仔细擦去表面的水分，将粗盐（材料外）铺在烤盘上，土豆连皮放入其中。放入 160℃的烤箱烤制 30~40 分钟。

2 待铁扦可轻松刺入土豆中时取出，趁热剥皮，将土豆碾成泥。

3 土豆泥中加入捣成泥的蒜、切碎的黄油、温热的鲜奶油和盐。

4 土豆泥隔水蒸，然后放入切成薄片的托姆鲜奶酪，并用木铲用力搅拌。

5 搅拌至可以拔丝后装盘。

里昂、布雷斯

概况

地理位置	位于法国中东部，阿尔卑斯山脉和中央高原之间。土地平坦，东北地区多沼泽。罗讷河及其支流索恩河流经该地区。
主要城市	里昂地区的主要城市为里昂，布雷斯地区的主要城市为布雷斯堡。
气　候	较为温暖。但因同时受到来自山脉的冷空气和来自地中海的暖空气影响，气候较不稳定。
其　他	两年一度的国际酒店餐饮业展销会和国际糕点制作大会都在里昂举办。

特色料理

里昂洋葱奶酪丝面包汤
将擦成丝的奶酪撒在洋葱面包汤上制成的料理。

酸醋调味汁拌韭葱
将索莱兹产的韭葱焯熟后制成沙拉，再加入酸醋调味汁制成。

里昂沙拉
用羊蹄肉和用油腌渍过的鲱鱼制成的沙拉。

布雷斯烤阉鸡
将羊肚菌和板栗塞入布雷斯阉鸡中烤制而成。

萨博代香肠
以猪头（猪鼻和猪耳）肉为主要食材制成的香肠。

香肠面包
将塞尔布拉香肠（加入松露和胡榛子制成的香肠）裹进面包中制成的料理。

里昂牛肚
将牛肚与洋葱、蒜、欧芹一起炖煮制成的料理。

里昂、布雷斯地区位于法国中东部，属罗纳-阿尔卑斯大区，是以仅次于巴黎的法国第二大城市里昂为中心的区域。北部的布雷斯地区地处沼泽地带，因盛产优质的家禽而被人熟知。

莫里斯·埃德蒙·萨扬（科农斯基）是20世纪初《米其林指南》的作者，也是最先将旅行和美食结合在一起的著名美食家，他曾用"美食大都会"来形容里昂。正如这位美食家所言，里昂市内餐馆林立，大到星级餐厅，小到被称为"布肖"的平民饭店比比皆是，确实是名副其实的"美食之都"。

因为罗讷河和索恩河于该地区南部汇流，十分适合水运，所以这里从古罗马时期开始就因贸易而发展起来。到了文艺复兴时期，意大利的纺织技术传入里昂，这里又作为纺织工业城市而快速发展，极尽繁荣。如今，这里又因丰富的饮食文化而世界闻名。

令人意外的是，当地的特产并不多。不过还是有几种优质食材，如布雷斯地区盛产的经过严格管理和饲养、用于出口且品质优良的布雷斯鸡，里昂周边人工饲养的猪等家畜，制作肉丸的河鱼以及许多料理都会用到、炒成米黄色的洋葱等。但是，当地特色料理经常用到

里昂旧城区矗立着一座拥有长方形廊柱的教堂。建于19世纪，由当地市民捐款建造，还配备了收藏众多珍品的美术馆。

每年12月上旬，里昂都会举办灯光节。每到这时，河岸以及山丘等200多个建筑上都会挂上彩灯庆祝。

里昂市中心的白莱果广场是欧洲最大的广场，中央矗立着路易十四骑马的雕像。这里还有不少咖啡馆和旅游问讯处。

的食材大多都产自邻近地区，并非当地所产。例如，因瘦肉被熟知的夏洛来牛、制作肉丸酱汁经常使用的南蒂阿淡水螯蟹等。这里同巴黎一样，经常利用其他地区生产的食材制作本地的特色料理，而这也是所有大城市的共同特点。

尽管本地食材较少，但猪肉、家禽以及利用这些肉类制成的熟食是里昂地区有名的特产。如加入松露和胡榛子的塞尔布拉粗香肠、萨博地猪头肉香肠以及将猪皮和猪油等食材炖煮后剩下的古拉通等都十分有名，这些都是当地小饭店中备受喜爱的快餐，从被创造之初一直流行至今。另外，内脏也十分受当地人欢迎。

当地生产的博若莱葡萄酒十分有名，此外也生产多种奶酪，有新鲜奶酪、硬质奶酪以及牛奶奶酪、山羊奶奶酪等多种类型，其中将各种奶酪同葡萄酒和渣酿白兰地放入陶瓶中发酵，制成的佛特奶酪最为独特。当地人将本地像佛特奶酪这样富有个性的特产同其他地区的食材组合在一起，制作出了许多极具魅力的料理。

里昂的旧城区位于索恩河西部。蜿蜒曲折的石头小路边矗立着色彩鲜艳的房屋，历史悠久，于 1999 年被列为世界遗产。

沙拉龙恩河畔沙蒂利翁是一座保留了许多历史建筑的小城，位于沼泽众多的布东地区，地处博若莱山丘东侧。

里昂鱼丸配南蒂阿酱

Quenelles lyonnaises sauce Nantua

将白肉鱼制成的鱼丸同虾味的酱汁搭配在一起，即可制成这道美味、优雅的料理。在里昂，这道料理一般以罗讷河中的梭子鱼为主要食材。

制作鱼丸时，要先将鱼肉泥同牛奶或鸡蛋等制成面坯，然后仔细过滤，打造出鱼丸极致顺滑的口感。

材料（8人份）

鱼丸
鲈鱼 净重 300 克
蛋清 50 克　　　　盐 9 克
鲜奶油 200 毫升　　白胡椒粉 1 克

帕纳德面坯
黄油 30 克
牛奶 100 毫升
小麦粉 50 克
蛋黄 2 个
盐、胡椒粉、肉豆蔻碎 各适量

南蒂阿酱（详见第 202 页）
装饰用小龙虾（详见第 219 页）

1 提前处理鲈鱼。沥干水分后小心地剔除鱼骨、剥去鱼皮、刮掉鱼肉上暗红色的部分。

2 将鱼肉切成适当大小，放入搅拌机中搅成泥。由于搅拌会使鱼肉升温，所以肉泥需倒入碗中隔冰水冷却。

3 制作帕纳德面坯。将黄油、牛奶、盐、胡椒粉和肉豆蔻碎放入锅中，煮至黄油沸腾时撒入小麦粉，用力拌匀，煮至沸腾。

4 将火调小，加入蛋黄并拌匀。

5 将煮好的面坯放在方形托盘中，包裹一层保鲜膜并放入冰箱冷藏。

6 将鲈鱼泥和面坯一起放入搅拌机中搅拌。

7 拌匀后倒入蛋清和1/3鲜奶油继续搅拌。过度搅拌会使奶油浮起并与其他食材分离，需格外注意。

8 选取网眼较小的滤网仔细过滤两次。

9 将过滤好的食材倒入碗中，隔冰水冷却。奶油与其他食材分离会破坏口感，冷却时应注意不要让奶油浮起。

10 加入剩下的鲜奶油，撒少许盐和白胡椒粉调味。取少许鱼泥试煮，尝试味道。

11 将鱼泥面坯放入碗中，隔冰水完全冷却。

12 用热汤匙挖出橄榄球形状的鱼泥面坯。

13 锅中倒入充足的热水，加入适量盐（材料外）后煮沸。水沸腾后调小火，轻轻放入鱼泥面坯，转至中火将其煮至有弹性即可。

14 控干鱼丸的水分，将其盛入涂抹了黄油的耐热盘中。倒入南蒂阿酱（详见第202页），放入180℃的烤箱中烤至表面微微焦黄。

装盘
在鱼丸中加入用盐水煮过的装饰用小龙虾即可。

里昂香肠配土豆沙拉

Saucisson lyonnais pommes à l'huile

里昂人制作出了各种各样的加工肉制品，其中加入了胡榛子的粗香肠非常受欢迎。
将这种香肠与土豆温沙拉搭配，即可制成当地的一道传统料理。 加入了沙拉调味汁的沙拉清爽
可口，与香肠搭配风味极佳。

1 将制作清汤所需的香味蔬菜切成薄片。

2 准备一个可以放入 50 厘米香肠的锅（图中的锅为鱼用锅，能将整条鱼放入其中炖煮），制成清汤。

3 制作香肠。将猪肩肉、猪里脊和猪背脂肪切成适当大小。

4 将胡榛子放入 160℃的烤箱中烤几分钟，烤好后碾碎。

5 用绞肉机将所有猪肉搅成肉泥，放入硬面包（材料外），压出机器中剩下的肉泥。

6 将猪肉泥倒入碗中，撒少许盐和胡椒粉，加入淀粉和胡榛子碎搅拌均匀。

7 加入鸡蛋、波尔多白葡萄酒和马得拉酒拌匀。取少量肉馅，用铝箔纸包起来烤制，尝味，可适当加盐和胡椒粉调味。

8 将猪肉馅装入裱花袋，挤入一端系结的肠衣中。

9 用牙签在香肠上戳几个气孔，用棉线将另一端系紧。

10 将煮好的清汤（可不过滤）倒入锅中。

11 锅中放入香肠，盖上锅盖加热约 45 分钟。沸腾后肠衣容易破裂，需注意调节火候。

12 煮好后，让香肠同清汤一起冷却。

13 切开冷却的香肠，浸入清汤中，以防香肠变干。

14 将配菜中的土豆放入盐水中煮软，剥去土豆皮并切片，用沙拉调味汁拌匀。

装盘

将香肠和土豆片盛盘，在中间摆几片切成薄片并焯熟的洋葱。最后加入水芹和意大利香芹装饰即可。

龙虾味布雷斯仔鸡

Poulet de Bresse aux écrevisses

布雷斯仔鸡鲜香味美、肉质紧实，是当地著名的特产。这道料理是用布雷斯仔鸡和龙虾酱制成。
将烤黄的鸡肉放入用鸡架和小龙虾头制成的奶油酱中，味道充分融合在一起。

材料（8人份）

布雷斯仔鸡（1.5~1.7
千克）1 只
小龙虾 36 只
黄油、色拉油、盐、
胡椒粉 各适量

酱汁
鸡架 1 个
小龙虾头和腿 36 只的量
红葱 3 个
蘑菇 50 克
青蒿 2 根

百里香、蒜 各适量
白葡萄酒 150 毫升
番茄泥 1 汤匙
鸡高汤（详见第 198 页）350 毫升

脂肪含量为 45% 的鲜奶油
220 毫升
黄油 20 克
粗盐、胡椒粉 各适量

1 从小龙虾尾中部位置抽出虾线，去掉头，将腿拧下，轻轻敲碎龙虾钳。头和腿用来制作酱汁，龙虾身用来做配菜。

2 处理好鸡肉（详见第204页），将鸡胸肉、鸡腿肉和鸡翅尖摆在方形托盘中，两面撒少许盐。

3 取等量的色拉油和黄油倒入提前加热的锅中，将鸡皮一面朝下，放入锅中煎制。小火煎至两面金黄后盛出。

4 制作酱汁。在煎鸡肉的锅中放入黄油，将切碎的鸡架小火翻炒至变色。

5 加入小龙虾头和腿继续翻炒，炒至颜色更加鲜艳后捞出，沥去油脂和水分。

6 取等量的色拉油和黄油倒入前面的锅中，加入切碎的红葱和蒜，小火翻炒。接着加入切成薄片的蘑菇、青蒿和百里香。

7 待蔬菜炒熟后将龙虾头和腿放回锅中快速拌匀，倒入白葡萄酒。

8 待白葡萄酒煮沸后倒入番茄泥和鸡高汤，转中火加热。

9 煮至所有食材都变软时，加入鲜奶油、粗盐和胡椒粉。

10 小火炖煮20~30分钟。

11 煮好后捞出汤汁中的食材，在汤中加入煎过的鸡肉炖煮，注意不要将汤汁煮沸。

12 取出煮熟的鸡肉，用保鲜膜包裹并放在温暖的地方保存。

13 继续炖煮剩下的汤汁，煮至汤汁浓缩为原来的一半时过滤，加入黄油（材料外）小火熬煮，以增加其黏稠度。

14 加入胡椒粉和切碎的青蒿，再将鸡肉回锅加热。

装盘

将鸡肉盛盘，倒入酱汁。煎锅中倒入黄油和色拉油，加入带壳的小龙虾翻炒。将炒至变色的带壳小龙虾和青蒿（材料外）点缀在鸡肉上即可。

纺织工人大脑

Cervelle de canut

这道名称独特的料理曾经备受里昂众多纺织工人喜爱。将新鲜的奶酪与蒜、红葱和香草混合，制成美味鲜香的酱料，再与面包搭配食用，风味极佳。

材料（便于调制的量）

沥去水分的软奶酪 * 125 克
鸡高汤（详见第 198 页）25 毫升
明胶片 1/2 片
脂肪含量为 45% 的鲜奶油 50 毫升
青蒿 1/2 把
细香葱 1/2 把
香叶芹 1 根
蒜 1/2 瓣
红葱 1 个
盐、胡椒粉 各适量

装盘
长棍面包、香叶芹、黑橄榄 各适量
* 将软奶酪放入铺了一层纱布的滤网中，放入冰箱冷藏一晚使其脱水。

1　锅中倒入鸡高汤，开火加热，将用水泡软的明胶片放入汤中化开。

2　将软奶酪倒入碗中，分次倒入少量的鸡高汤，搅拌均匀，使其更加细腻光滑。

3　加入切碎的青蒿、细香葱、香叶芹、蒜和红葱，拌匀后撒盐和胡椒粉调味。

4　将鲜奶油打发，放入步骤 3 的食材中并充分搅拌。拌匀后盛盘，搭配烤过的长棍面包即可。可将部分奶酪酱挤在长棍面包上，再用香叶芹和黑橄榄装饰。

工兵围裙

Tablier de sapeur

将牛的第 2 个胃（蜂巢胃）放入用白葡萄酒、芥末、柠檬汁等制成的腌泡汁中腌制，然后裹上面包粉煎制，即可制成。这道料理名为工兵围裙，是由于这道传统料理中牛肚的形状像围裙而得名。

材料（4 人份）

牛蜂巢胃（牛的第 2 个胃）1 块
洋葱 1 个
芹菜 1/2 根
胡萝卜 1 根
香草束（详见第 201 页）1 束

腌泡汁
  白葡萄酒 80 毫升
  第戎芥末 10 克
  柠檬汁 1 个柠檬的量
  色拉油 10 毫升
  盐、胡椒粉 各适量

面衣
  面包粉、小麦粉 各适量
  鸡蛋 3 个
  色拉油、盐、胡椒粉 各适量

黄油、细香葱 各适量
煮鸡蛋 1 个

1 将牛蜂巢胃放入水中，沸腾后将水倒出。再次向锅中倒入清水，加入切成适当大小的洋葱、芹菜、胡萝卜和香草束，再次煮沸。

2 水沸腾后盖上锅盖，小火炖煮，或放入 100℃的烤箱中烤五六个小时，至牛肚变软。

3 将牛胃摊开，切成像围裙一样的三角形。将制作腌泡汁的材料混合，涂抹在牛胃表面，放置两三个小时。

4 制作面衣所需的蛋液。将鸡蛋、色拉油、盐和胡椒粉混合搅匀。

5 沥干牛胃中的水分，依次裹上小麦粉、蛋液和面包粉。

6 煎锅中放黄油，放入裹好面衣的牛胃，煎至两面金黄后取出，切成适当大小并装盘。

7 将煮鸡蛋碾碎，和切碎的细香葱一起放入盘中装饰。

萨瓦、多菲内

地理位置	位于法国东南部的内陆地区，地处阿尔卑斯山脉西侧广阔的山岳地带，与瑞士和意大利接壤，险要的山峰之间分布着许多河流和湖泊。
主要城市	萨瓦地区的主要城市为阿讷西，多菲内地区的主要城市为格勒诺布尔。
气　候	冷暖差异较大的大陆性气候与温暖的地中海气候并存。冬季多雪。
其　他	夏蒙尼–勃朗峰是阿尔卑斯山和冰河观光的重要地点。

特色料理

蓝鳟鱼
用加醋的葡萄酒奶油调味汁炖煮而成。

艾克斯小牛肉炖板栗
用芹菜、胡萝卜和板栗炖煮仔牛腿肉制成的料理。

法颂
一种奶酪烤菜，将梅干和土豆泥混合，与培根相互重叠放入烤盘中烘烤制成。

萨瓦奶酪火锅
使用萨瓦葡萄酒制成的奶酪火锅。

贝尔多奶酪烤菜
用加入了白葡萄酒和香辛料的奶酪制成的奶酪烤菜，搭配土豆食用。

萨瓦奶酪烤菜
用土豆、培根、奶酪和清汤制成的萨瓦风格奶酪烤菜。

萨瓦、多菲内地区位于法国东南部，与瑞士和意大利接壤。法国境内的阿尔卑斯山大部分位于该地区，被积雪覆盖的山顶、溪谷、大大小小的河流、湖泊和平原等景色相互交织，共同构成了一幅优美的风景图。这里是阿尔卑斯山的登山口，也是滑雪胜地。许多城市都曾是冬季奥林匹克运动会的重要比赛场地，如阿尔贝维尔、格勒诺布尔等。此外，莱蒙湖畔因矿泉水而闻名的依云小镇，也在萨瓦地区。

当地地处山岳地带，气候严峻，因此农产品主要为根菜类，而非叶子类。当地有几种蔬菜较为有名，如产自多菲内村庄的德龙蒜、产自格勒诺布尔周边的巴特维亚红莴苣以及菊苣等，但说起产量丰富，还属当地产的土豆和根芹菜。当地人将土豆称为"塔尔迪弗拉"，以土豆奶酪烤菜为代表的多种当地特色料理都会使用这里生产的土豆。此外，杏、樱桃、梨和苹果等水果以及核桃，也是当地著名的特产。

除农产品外，当地的特产还有产自河流的鳟鱼和红点鲑等鱼类，野兔和野猪等野味，山中饲养的山羊羔、小牛等家畜及珍珠鸡等家禽。由于养殖了不少家畜，自然也盛产各种乳制品，当地制作的特色料理中也多使用其生产的奶油和奶酪。其他山岳地区制作的料理有一

海拔 2087 米的艾吉耶山位于格勒诺布尔西部的威克斯群山中，受长期侵蚀，颇为陡峭。

位于萨瓦地区北部、莱蒙湖畔的依云小镇是著名的矿泉水水源地，作为温泉疗养地而备受人们喜爱。

连绵的查尔特勒山地和孚日山地位于萨瓦南部至多菲内地区，其山麓地带早在公元前 400 年时就开始种植葡萄并酿造葡萄酒了。

个共性，即用乳制品制作的料理大多为具有一定温度的料理，但萨瓦、多菲内地区生产的料理却稍有不同。这是由于邻近美食城市里昂，拥有独特的制作方法，加之19世纪中期之前这里一直在意大利范围内，部分料理也会同意大利一样使用意大利面和炖玉米糁。所以，当地简单朴素的山区料理与其他山区的料理并不完全一致。

多菲内风格的料理通常使用较多鲜奶油，萨瓦风格的料理则使用丰富的鲜奶油和奶酪。两者之间产生差别的原因是萨瓦地区生产的奶酪更加丰富，利用浓牛奶制作的硬质奶酪博福特和水洗奶酪勒布罗匈等极具个性且味道浓郁的奶酪都是萨瓦地区的著名特产。但是在葡萄酒方面，萨瓦就不及多菲内了。多菲内地区生产了许多优质的葡萄酒，如埃米塔日葡萄酒等。该地的葡萄田大多位于罗讷河左岸，因日照条件较好，所以产量颇丰。除葡萄酒外，当地还生产用山间的草药和香草制成的具有独特风味的酒，如弗穆特苦艾酒和查尔特勒荨麻酒等。

德龙蒜

一种白色的蒜，产自萨瓦地区德龙省，产地靠近普罗旺斯地区南部。德龙蒜有少许甜味，口感较为柔和。约从16世纪开始种植。

伊泽尔核桃（A.O.C）

这种核桃持有法国A.O.C原产地质量认证，产于多菲内地区伊泽尔省的格勒诺布尔，经常被用于制作面包、点心和各种料理。

北极红点鲑

一种产自流经阿尔卑斯山的河流和湖泊的红点鲑，也称阿尔卑斯红点鲑。肉为白色，肉质十分细腻，可用烤箱烤后食用，也可制成黄油面拖鱼。

德龙珍珠鸡（A.O.C）

珍珠鸡肉质与野鸡十分相似，野味十足，肉质柔软，没有酸涩味。德龙产的珍珠鸡（雏鸡）是法国所有珍珠鸡中唯一获得A.O.C原产地质量认证的。

●奶酪

瑞布罗申奶酪

产自萨瓦地区，口感柔和，味道浓郁，经常用于制作焗烤马铃薯等料理。

圣马斯兰奶酪

产自多菲内地区的奶酪。其制作原料曾用山羊奶，现在大多用牛奶制作。这种奶酪表面覆盖着一层白色的霉菌，熟成后会变得更加紧实，味道也更加浓郁。

萨瓦葡萄渣奶酪

一种产于萨瓦地区、用牛奶制作的半硬质奶酪，具有一定黏性。由于制作时将奶酪放入了葡萄渣中腌渍1个月，故而散发着葡萄香甜的味道。

●酒/葡萄酒

萨瓦和多菲内两地都是红葡萄酒的主要产地。尤其是多菲内地区罗讷河左岸，生产了以西拉葡萄为原料制成的埃米塔日等多种十分优质的红葡萄酒。而萨瓦地区却严格控制葡萄酒产量，尽管如此，这里生产的克雷皮和赛赛尔等葡萄酒都获得了A.O.C原产地质量认证。另外，萨瓦地区的白葡萄酒产量也非常高。

查尔特勒荨麻酒

产自多菲内北部、瓦隆修道院的利口酒，萃取130余种草药制成，酒精含量约为71%，也有经番红花等植物染色的低酒精产品。

蒙特利马尔位于靠近普罗旺斯南部的德龙省，因生产牛轧糖而世界闻名。这座老城至今仍保留了12世纪的领主阿代马尔家族府邸等古建筑。

萨瓦地区的阿讷西湖被群山环绕，风景秀丽，令游客心旷神怡。其清澈程度之高，可排世界前列。阿讷西湖背靠博尔内山脉的主峰，海拔2351米的图内特峰。

红酒焖兔肉
Civet de lièvre

先用红酒和香味蔬菜腌渍兔肉，再用剩下的腌泡汁炖煮，并加入兔血为汤汁增稠。这是一道美味而又充满野趣的料理。

本料理使用野兔为主要食材，如果买不到也可使用人工饲养的兔子。由于任何细微的因素都可能导致料理整体口味的差异，因此要根据实际情况调整腌泡汁的调配比例和加热时间。

材料（6人份）

兔子（或野兔）1只
洋葱 1个
胡萝卜 1根
蒜（带皮）2瓣
百里香 1枝

月桂叶 1片
红葡萄酒 750毫升
小麦粉、盐、胡椒粉、橄榄油、黄油、科涅克酒、粗盐、白胡椒粒 各适量

配菜
香煎培根（详见第218页）200克
香煎蘑菇（详见第224页）200克
糖渍小洋葱（详见第221页）18个

装盘
兔子内脏（心和肺）1只的量
兔血（或猪血）20~30毫升
黄油、科涅克酒、意大利香芹 各适量

1 提前处理好兔子（详见第210页）。将兔子后腿从关节处一分为二，去除腹部的皮并将其身体分为三等份。将骨头敲开、切成小块。

2 将切大块的香味蔬菜、香草和处理好的兔肉一起放入红葡萄酒中腌渍一天以上。

3 图为腌渍了一整天、已经入味的兔肉。如果使用的是野兔，则需要腌渍两三天。

4 将兔肉、蔬菜和腌泡汁分开。过滤腌泡汁并倒入锅中，炖煮至沸腾，挥发其中的酒精。将兔肉表面的水分擦干净，撒少许盐和胡椒粉。

5 在兔肉表面撒薄薄一层小麦粉。锅中倒入橄榄油和黄油，放入兔肉煎至表面定形。

6 将兔肉放在沥油架上，沥去多余的油脂。

7 将切碎的骨头倒入煎兔肉的锅中，中火翻炒。倒入腌过的香味蔬菜。

8 蔬菜变软后，将兔肉回锅，倒入科涅克酒点燃火烧后将兔肉盛出。

  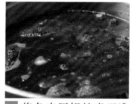 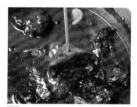

9 倒入2汤匙小麦粉勾芡，充分拌匀将小麦粉煮熟。

10 过滤腌泡汁并倒入锅中搅拌，使沉在锅底的肉香融入汤汁中。

11 将兔肉回锅炖煮至沸腾，然后加入粗盐、白胡椒粒，盖上锅盖放入170℃的烤箱中。

12 使汤汁保持微微沸腾的状态，加热两三个小时。当铁扦能够轻松插入兔肉时，说明肉已经煮熟，从烤箱中取出。

 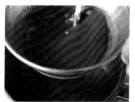

13 将兔肉和汤汁分离，将汤汁过滤后倒入锅中继续炖煮。加入切碎的心和肺，再一点点倒入兔血，加热时需注意汤汁不要沸腾。加入黄油增稠，然后倒入科涅克酒。可根据汤汁的浓度适量增减倒入兔血的量。

14 继续炖煮但不要使汤汁沸腾，煮好后过滤。将兔肉倒回锅中加热。

装盘
将兔肉盛盘，撒入配菜，然后加入炸过的意大利香芹装饰。

149

鲁瓦扬方饺
Ravioles de Royan

一种塞满牛奶和山羊奶两种奶酪的料理。制作面坯时，需多次放入意大利面压面机中压成面皮，使其具有弹性十分重要。

这种意大利面料理在靠近意大利的萨瓦地区十分受欢迎，制作馅料所使用的博福特牛奶奶酪是当地有名的特产。

材料（4人份）

饺子皮面坯
小麦粉 300 克
鸡蛋 4 个
软化黄油 20 克
盐 1 撮

馅料
山羊奶酪（金字塔形）100 克
博福特奶酪 50 克
鸡蛋 25 克
欧芹碎 1 汤匙
香叶芹碎 1 汤匙
胡椒粉、橄榄油 各适量
鸡高汤（详见第198页）适量

鲜奶油 200毫升
细香葱 2把
黄油 30~40克

 制作饺子皮面坯。小麦粉中加入盐和鸡蛋，充分拌匀。

 加入软化黄油，继续搅拌至形成粗糙的小块。

 案板上撒少许面粉（材料外），放上面坯揉搓。

 将面坯揉成团后，一边摔打一边揉。

 将面坯揉成有韧性且表面光滑不粘手的球形，包裹一层保鲜膜，放入冰箱醒一两个小时。

 制作馅料。剥下山羊奶酪的皮，用叉子捣碎。

 加入捣碎的博福特奶酪和其他馅料食材，搅拌均匀后放入冰箱冷藏，直至面坯醒好。

 将饺子皮面坯一分为二，分别撒少许面粉（材料外），擀成便于放入意大利面压面机中的大小。

 将擀好的面坯放入意大利面压面机中。压出面皮，对折后再次放入压面机，如此反复，最终压出厚度约为0.5毫米、长为饺子模具2倍以上的面皮。

 向饺子模具中撒少许面粉（材料外），放入面皮，压入模具凹槽中，使面皮与凹槽紧紧贴合在一起。

 将馅料塞入裱花袋并挤入凹槽中，然后将多余的面坯对折，盖在模具上方。

 撒少许面粉（材料外），用擀面杖擀匀并压实，最后切下四周多余的面皮。压紧后放入冰箱冷藏5分钟左右，以便脱模。

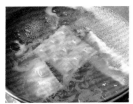 将鸡高汤煮沸，放入切块的饺子，煮至饺子皮呈半透明状态即可。

 捞出饺子，取适量（400~500毫升）剩下的汤汁继续炖煮，加入鲜奶油。待汤汁沸腾后关火，加入黄油拌匀。最后加入切碎的细香葱，酱汁便制作完成了。

装盘
将饺子盛盘，倒入酱汁即可。

奶酪焗土豆
Tartiflette

这是一道用萨瓦特产的勒布罗匈水洗奶酪制成的当地特色料理。将土豆、洋葱和培根炒熟后盛入奶酪烤菜专用盘中，放入奶酪焗烤即可。这是一道散发着独特香味的美味料理。

材料（4 人份）

洋葱 1/2 个
蒜 5 克
培根 80 克
土豆 400 克
黄油 50 克
勒布罗匈奶酪 1/2 个
鲜奶油 100 毫升
盐、胡椒粉 各适量

1　将洋葱和蒜切碎、培根切成条、土豆切薄片。

2　将黄油放入锅中，待黄油化开后倒入洋葱碎和蒜碎翻炒。炒至洋葱透明时加入培根条，炒出香味。

3　加入土豆片继续翻炒，炒熟后撒盐和胡椒粉调味。

4　奶酪烤菜专用盘中涂抹黄油（材料外），倒入炒好的食材。将奶酪切成适当大小，放入盘中。

5　倒入鲜奶油，然后放入 200℃的烤箱中，烤至奶酪完全化开即可，趁热端上桌。

奶香培根焗土豆

Gratin dauphinois

将切成薄片的土豆用牛奶和鲜奶油煮熟，盛入奶酪烤菜专用盘中，撒入格吕耶尔奶酪后放入烤箱烤制即可。这道料理是多菲内地区的著名料理，在整个法国都十分受欢迎。

制作料理时，可用鸡蛋代替鲜奶油。

材料（6人份）

土豆 800 克
蒜 3 瓣
牛奶 500 毫升
鲜奶油 300 毫升
格吕耶尔奶酪 80 克
盐、胡椒粉、肉豆蔻 各适量

1 将土豆去皮，切成厚约 5 毫米的片。

2 将土豆片放入平底锅中，加牛奶、鲜奶油、盐、胡椒粉、肉豆蔻和剁成泥的蒜，中火翻炒至锅中液体冒泡时转小火，继续将土豆煮熟。

3 用蒜擦拭奶酪烤菜盘，使其具有蒜香。将土豆片盛入盘中。

4 小火炖煮剩下的汤汁，使其具有一定的黏稠度，煮好后倒入盘中。

5 撒入切碎的格吕耶尔奶酪，放入 180~200℃的烤箱中。

6 烤至奶酪化开且变色时取出，趁热端上桌。

尼斯

概况

地理位置	位于法国西南角，与意大利接壤。由被称为"蔚蓝海岸"的地中海沿岸地区和阿尔卑斯连绵的丘陵、山地构成。
主要城市	尼斯。从巴黎乘飞机前往需约1小时，乘高速铁路约5小时。
气候	全年温暖且干燥，秋季多雨。
其他	沿海城市昂蒂布每年夏天都会举办国际爵士音乐节。

特色料理

索卡薄饼
一种用鹰嘴豆粉、水和橄榄油制成的薄饼。

巴尔巴儒昂炸糕
用饺子皮将大米、奶酪、洋葱等食材包起来制成的炸糕。

尼斯炖牛肚
用白葡萄酒炖煮牛的蜂巢胃和香味蔬菜制成。

炖鱼干
将晒干的鱼炖煮而成的料理。

甜菜馅饼
用叶用甜菜制成的馅饼。

诺特弗里茨
油炸白肉鱼制成的料理。

尼斯填菜沙丁鱼
将菠菜和山羊奶鲜奶酪塞入沙丁鱼中制成的料理。

尼斯地区位于法国东南部，与意大利接壤。公元前，希腊人入侵此地，这里一度是希腊殖民地，随后又相继被罗马帝国和萨瓦公国占领，直至1860年才成为法国领土。该地区背靠阿尔卑斯山脉，面朝广阔的地中海地区，气候温暖、风光明媚，曾是古代王公贵族的别苑所在地，也是备受夏加尔和马蒂斯等艺术家青睐的地方。这里有被称为"蔚蓝海岸"的著名景点，将尼斯地区的首府尼斯以及"电影之城"戛纳等世界著名旅游胜地串联在一起，十分有名。当地曾受到过外敌威胁，所以存在许多按照要塞结构建造的"鹫巢村"。埃兹镇和圣保罗德旺斯镇就是著名的"鹫巢村"，街道狭窄且错综复杂，至今仍散发着浓厚的中世纪气息。

受气候和地理环境影响，尼斯地区拥有许多特产，如红蒜、被称为卡尔冬的刺菜蓟、番茄、各色辣椒等蔬菜，还有鳀鱼、沙丁鱼以及鲈鱼等，十分丰富，利用这些食材制成的料理自然也极具魅力。当地的食材和料理与其邻居普罗旺斯地区有许多相似之处，但尼斯地区的料理多使用香草和柑橘，总给人以高雅、讲究之感。

位于戛纳西部的海岸线是南法最美的海岸线，蓝色的海洋与红色的岩石形成了强烈对比，有"黄金断崖"之称。

昂蒂布位于尼斯和戛纳之间，拥有25千米的海岸线和全欧洲最大码头的高级疗养胜地。著名的毕加索美术馆就在此地。

埃兹镇建于中世纪，位于靠近摩洛哥沿海地区的山上。这里多陡坡和弯弯曲曲的小道，无法通行车辆。

另外，当地料理与意大利料理的共同点也随处可见。例如在餐桌上经常出现的意大利面、意大利汤团和小方饺等料理，以及在意大利被称为"法里纳塔"、在尼斯地区则被称为"索卡薄饼"的鹰嘴豆薄饼。尼斯地区和意大利西北部曾隶属同一国，因此二者拥有诸多共同之处。虽然索卡薄饼制作方法简单，在小市场上即可购买，但尼斯地区却有许多专门出售这种平民料理的小店，通常还出售用蔬菜和鱼制成的炸糕、将肉塞入甜椒制成的普提法尔西等简单的家常菜。

说起葡萄酒，尼斯地区土地面积狭小，故而葡萄酒产量不多。但这里也拥有几种优质的红、白葡萄酒。瓦尔河流经尼斯地区，当地最有名的贝莱葡萄酒便产于该河的高地地区，贝莱葡萄酒深受路易十六和美国第3任总统杰斐逊的喜爱。当地盛产山羊奶、牛奶等多种类型的奶酪，主要产于北部的山地地区。尼斯地区也是橄榄油的著名产地，当地将奶酪放入橄榄油中保存的方式也十分特别。

特产

叶甜菜
产于法国南部且全年均可种植的叶子蔬菜。可将其制成奶酪烤菜、煎蛋卷以及加入馅饼中制成甜点食用。

红蒜
一种心为红色的蒜。

柠檬
种植点靠近意大利蒙顿。这座城市的柠檬节十分有名。

苦橘
一种多用于制作酱汁的柑橘，带有较强烈的苦味，是尼斯料理中不可或缺的食材。

刺菜蓟
与叶肉厚实的朝鲜蓟十分相似，其叶子也可食用。

鳀鱼干
将在地中海中捕获的鳀鱼用盐和橄榄油腌制而成的加工品。风味独特，多代替调味品使用。

黑橄榄
产于尼斯地区的黑橄榄质地柔软、食用方便。食用前需泡入盐水中去除涩味。

橄榄油
产于以香水和精油著称的格拉斯。

●奶酪

布鲁斯奶酪
一种密封的奶油状羊奶奶酪。产于维斯比流域和尼斯地区山地流域中。部分布鲁斯奶酪会放置于橄榄油中保存。

塞拉农多姆奶酪
一种制作时无须加热和加压的软质牛奶奶酪。产于格拉斯北部的塞拉农村。

阿诺奶酪
产于尼斯地区山地的山羊奶奶酪，也叫托姆达诺奶酪。

●葡萄酒

贝莱葡萄酒（A.O.C）
贝莱葡萄酒历史悠久，自1941年一直生产至今，主要产于尼斯的高地地带。该品牌葡萄酒主要生产以罗尔葡萄制成的白葡萄酒，以及以布拉克、神索、奇圣南葡萄制成的红色和玫红色葡萄酒。

普罗旺斯山丘（A.O.C）
产于尼斯北部，是该地区唯一持A.O.C原产地质量认证的品牌。其中的圣约瑟夫葡萄酒十分有名。

尼斯的海岸背靠陡坡，码头内停靠着许多豪华客船和游艇，许多游客慕名来到当地的粗沙沙滩，享受美妙的日光浴。

俄国沙皇尼古拉二世曾将尼斯地区视为避寒地，并于1903年在此建造了俄罗斯风格的圣尼古拉东正教大教堂。

尼斯的海岸边有一条长约3.5千米的大道，被称为盎格鲁街，除高级酒店外，这里还分布着许多著名的餐厅和赌场。

尼斯沙拉

Salade niçoise

虽然这只是一道以橄榄、鳀鱼干、番茄和甜椒为基础食材的简单沙拉，但足够新鲜的蔬菜与细心处理的各种食材搭配制成的这道料理深受当地人的喜爱。

这道沙拉也受到其他地区人的喜爱，有时食材中也会加入金枪鱼和土豆。

材料（4人份）

混合菜叶（多种带有香味的嫩菜叶）100 克
番茄 4~6 个
盐（或盐之花）适量
大个甜椒 1 个
黄瓜 1 根

小洋葱 8 个
蒜 1 瓣
卡穆洋蓟和波瓦弗兰德洋蓟 各2 个
水煮蛋 2 个
罗勒叶 适量
鳀鱼干 8 条
去核黑橄榄 100 克

油封金枪鱼
长鳍金枪鱼腹部的肉 100 克
盐、胡椒粉 各适量
蒜 2 瓣
百里香、初榨橄榄油 各适量

酱汁
罗勒叶、初榨橄榄油、盐、胡椒粉 各适量

1 用喷枪（或直接烘烤）将甜椒表面烤黑，趁热用保鲜膜包裹严实。

2 待水蒸气使烤焦的外皮变软时，取下保鲜膜，冲洗表面并去除烤焦的皮。

3 外皮处理干净后，纵切为 4 等份。去除甜椒子和内侧具有强烈苦味的白色部分，然后切成大小相等的条。

4 黄瓜削皮，纵向对半切开，用汤匙刮去黄瓜子。接着横向对半切开，然后切成与甜椒条大小相同的条。

5 番茄去蒂后放入沸水中煮至表皮裂开，捞出后淋冰水冷却。

6 剥皮后将番茄切成月牙状，放入方形托盘中。撒上适量盐之花，静置 10 分钟。

7 将小洋葱切成极薄的片，蒜去皮去芽并纵切为薄片。剥去为容器增香的蒜（材料外）皮，纵向对半切开。

8 水中倒入小麦粉、粗盐、柠檬汁，待其充分溶于水中后，放入提前处理好的洋蓟，煮至洋蓟变软即可（详见第 215 页）。将煮好的洋蓟切成薄片。

9 制作油封金枪鱼。将长鳍金枪鱼切成厚度约 5 毫米且便于食用的长方形。

10 将金枪鱼放入方形托盘中，两面撒适量的盐和胡椒粉。

11 锅中倒入橄榄油，放入蒜片、百里香和金枪鱼，小火慢慢加热，使油温保持在 80℃左右。待刀尖可轻松刺入金枪鱼肉时关火。

12 制作酱汁。将初榨橄榄油撒在罗勒叶上，能保持罗勒叶颜色鲜亮。将罗勒叶切碎放入冰箱冷冻保存，也可防止其颜色和香味变化。

13 将罗勒叶切碎，倒入初榨橄榄油，剁成泥。

14 将罗勒叶泥倒入碗中，加入少许盐和初榨橄榄油，仔细拌匀。

装盘

用蒜擦拭容器内侧，使其沾上蒜香，然后盛入蔬菜、鳀鱼干、油封金枪鱼、水煮蛋和去核黑橄榄，再放入几片罗勒叶装饰。将罗勒酱盛入另一容器，搭配食用即可。

烤蔬菜卷肉末配甜椒酱

Farcis provençaux, coulis de poivron doux

将番茄、茄子、西葫芦等产于法国南部的蔬菜内部掏空，塞入肉馅，用烤箱烤熟。蔬菜和肉在火候要求上存在差异，应根据食材的种类分别加热，展现出不同食材的魅力。

材料（6人份）

洋蓟 3 个
小番茄 6 个
小个茄子 3 根
西葫芦 2 根
小个红甜椒 2 个
橄榄油 10 毫升
蒜（带皮）1 瓣
百里香 1 枝
盐、胡椒粉 各适量
白葡萄酒 20 毫升

鸡高汤（详见第 198 页）
50 毫升

馅料
　猪肩脊肉 150 克
　鸡胸肉 1 块
　罗勒 1 把
　火腿 60 克
　切碎的洋葱 100 克
　切碎的蒜 10 克

切碎的欧芹 5 克
百里香叶 2 枝的量
里科塔奶酪 50 克
鸡蛋 1 个
切小块的黑橄榄 30 克
帕玛森奶酪 30 克
橄榄油 适量
白葡萄酒 30 毫升
盐、胡椒粉 各适量

甜椒酱
红甜椒 2 个
洋葱 100 克
蒜 2 片
鸡高汤（详见第 198 页）
150 毫升
鲜奶油 100 毫升
西班牙雪利醋 5 毫升
橄榄油 5 毫升
盐、胡椒粉 各适量

装盘
面包粉 50 克
帕玛森奶酪 50 克
鸡高汤（详见第 198 页）
50~100 毫升
橄榄油 适量
罗勒叶 少量

1 准备蔬菜。将洋蓟提前处理好（详见第215页），锅中倒入橄榄油，将处理好的洋蓟和带皮的蒜、百里香一同放入锅中，撒盐和胡椒粉，倒入白葡萄酒和鸡高汤，盖上锅盖焖至蔬菜变软。

2 将小番茄顶部连同蒂一起切下，掏出果肉。向小番茄内撒盐，倒扣并静置片刻以去除果肉中的水分。为使小番茄放置时更加稳固，可稍稍切去番茄底部的果肉。

3 将去蒂的茄子纵向对半切开，用刀将瓤划开，加盐和橄榄油，用铝箔纸将茄子一根根包裹起来，放入180℃的烤箱中烤软，或放入煎锅中用小火煎制。

4 沥去茄子的油脂后刮出茄子瓤，切碎用来制作馅料。

5 将西葫芦切成长四五厘米的段，在表面削出细长的条形图案，掏出瓤后放入盐水中煮，煮好后放入冰水中浸泡。

6 用喷枪将红甜椒表面烤焦，剥去外皮并去除蒂、子和内部的薄膜。向甜椒内撒适量的盐。

7 准备馅料。将猪肩脊肉和鸡胸肉切成块，撒盐。煎锅中倒入橄榄油，放入肉块，倒入白葡萄酒煎制。另起一锅炒出蒜和洋葱的水分，注意不要炒变色，倒入切小块的火腿和罗勒翻炒。

8 用搅拌机将肉绞成泥，与制作馅料的其他食材混合并充分拌匀。加入茄子瓤，撒盐和胡椒粉调味。

9 将肉馅塞入裱花袋中，挤入准备好的蔬菜容器中。

10 煎锅中倒入橄榄油，放入挤好肉馅的蔬菜，倒入鸡高汤。将面包粉和帕玛森奶酪混合，撒入锅中。将切下的小番茄顶部盖在小番茄上，放入150℃的烤箱中烤至变色。

11 制作甜椒酱。削去红甜椒皮，去子和内侧的薄膜，切成细条。

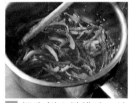

12 锅中倒入橄榄油，油热后加入切碎的蒜和切成薄片的洋葱，炒软后加入甜椒条。

13 撒入适量盐和胡椒粉，倒入鸡高汤。擦净锅的内壁，盖上锅盖焖煮至甜椒变软。

14 将焖软的甜椒放入搅拌机，一边搅拌一边加入鲜奶油、西班牙雪利醋和橄榄油，充分搅碎后过滤。

装盘
将甜椒酱倒入有一定深度的容器中，然后将塞满馅料的蔬菜盛入容器。放罗勒叶装饰即可。

法式洋葱比萨

Pissaladière

将面坯擀得像比萨一样薄，将慢慢炒出甜味的洋葱、鳀鱼和黑橄榄放上烘烤即可。

鳀鱼酱使用方法较多，可与洋葱混合，直接涂在面坯上。

材料（8人份）

帕特鲁维萨雷面坯
（发酵的咸味面坯）

　法式面包专用小麦
粉*200 克
　盐 5 克
　砂糖 10 克
　黄油 65 克

鲜酵母粉 10 克
牛奶 30 克
鸡蛋 1.5 个（约 75 克）
橄榄油 2 汤匙
*高筋面粉，是为制作法式面包而研制的面粉。

配菜
洋葱 500 克
蒜 1 瓣
鳀鱼 2 条
百里香叶 1 枝的量
橄榄油 30~40 毫升
盐、胡椒粉 各适量

装盘
鳀鱼 12 条
尼斯黑橄榄 24 个
橄榄油 适量
蛋液
　鸡蛋 1 个
　蛋黄 2 个

1 搅拌机中倒入小麦粉、盐、砂糖和切成小块的黄油，搅拌成沙粒状。

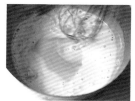

2 将加热至25℃左右的牛奶与鲜酵母粉混合。注意牛奶不宜过热，防止酵母菌失去活性。

3 向步骤1的食材中加入牛奶酵母混合液和打散的鸡蛋，继续搅拌。

4 搅拌均匀后取出，放在提前撒好面粉（材料外）的案板上揉搓。

5 将揉好的面团放入撒了面粉的碗中，淋入橄榄油后包裹一层保鲜膜，放入冰箱醒60~90分钟。

6 制作配菜。将橄榄油倒入锅中，油热后放入切片的洋葱翻炒，然后倒入切碎的蒜、百里香叶和切碎的鳀鱼，炒出香味，撒盐和胡椒粉调味。

7 待食材变软时盖上锅盖焖煮，过程中可适当搅拌，焖至洋葱变得更加软烂即可。打开锅盖翻炒并炒出其中水分，撒盐和胡椒粉调味。

8 将炒好的配菜铺在方形托盘中隔冰水冷却，包裹保鲜膜防止变干。

9 从冰箱中取出面坯，表面撒适量面粉（材料外）后擀成厚度约为5毫米的面皮。

10 将面皮边缘捏出形状。

11 将面皮外侧捏出小尖。

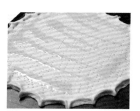

12 用叉子在面皮上戳孔，并淋入适量橄榄油。

13 将配菜抹在面皮上，在边缘涂抹蛋液。

14 将鳀鱼和切成适当大小的黑橄榄摆在配菜上，室温下静置使边缘稍稍膨胀。放入175℃的烤箱中烤至底部呈褐色即可。

法棍三明治
Pan bagnat

法国南部的特色三明治。将圆形的面包横向对半切开，涂抹橄榄油，夹入尼斯沙拉的食材，如番茄、鸡蛋、金枪鱼或鳀鱼和黑橄榄等即可。

材料（便于调制的量）

面包胚
法式面包专用高筋面粉 500 克
水 330 毫升
鲜酵母粉 12 克
砂糖 40 克
盐 8 克
奶粉 10 克
黄油 50 克

配菜
番茄 2 个
水煮蛋 2 个
鳀鱼 8 条
绿甜椒 1 个
小个洋葱 1 个
罗勒、黑橄榄、蒜、莴苣叶 各适量

橄榄油、白葡萄酒醋 各适量

1 制作面包胚。将除黄油以外的所有食材倒入碗中，揉至面坯有弹性即可。

2 分次少量加入在室温下软化的黄油，再次揉搓面坯。

3 将面坯揉成球形，放入事先撒好面粉（材料外）的碗中，在碗上包裹一层保鲜膜防止面坯变干。室温下静置 25 分钟，使其发酵一次。

4 从碗中取出面坯，分成每块 100 克的小块。由于切分开的面坯容易缩小，所以还需在室温下醒 20 分钟左右。

5 轻压排出面团中的气体，将其揉成直径约 12 厘米的圆形面团。

6 将面团摆在托盘上，放入发酵机中二次发酵，20℃下发酵约 1 小时。如没有发酵机，可用保鲜膜包裹每个面团，室温下发酵。

7 将面团放入 180℃的烤箱中烤约 12 分钟，或放入 250℃的木炭炉中烤 15 分钟即可。

装盘
将制好的面包横向对半切开，在切面涂抹充足的白葡萄酒醋和橄榄油，也可加入碾碎的蒜。将配菜切成适当大小夹入面包中，装盘即可。

蔬菜蒜泥浓汤

Soupe au pistou

将罗勒、蒜、橄榄油混合制成的酱是法国南部经常使用的蔬菜蒜泥调味酱。向放入了芸豆、菜豆角、土豆以及番茄等多种食材的汤中加入蔬菜蒜泥酱即可。

材料（8人份）

干燥的白芸豆 300 克
干燥的红芸豆 300 克
菜豆角 300 克
土豆 2 个
西葫芦 1 根
番茄 3 个
蔬菜蒜泥酱
　蒜 6 瓣
　罗勒 6 枝
　帕玛森奶酪 40 克
　橄榄油 适量
水 适量
意式细面（极细的意大利干面）各适量
盐、胡椒粉 各适量

1　将白芸豆和红芸豆放入水中浸泡一晚，分别煮至半熟。

2　用盐水煮熟菜豆角，沥干后切成细丝。将土豆、西葫芦切成边长为 1 厘米的小块。用开水浇淋番茄，然后去皮、去子并切碎。

3　制作蔬菜蒜泥酱。将去了芽的蒜、罗勒、帕玛森奶酪和橄榄油倒入搅拌机中搅成泥。

4　锅中放入芸豆、土豆块和番茄碎，倒入清水没过所有食材，加热。水沸腾后加盐和胡椒粉调味，继续小火煮至豆类食材全熟。

5　加入菜豆角丝、西葫芦块和折成长约 2 厘米的意式干面煮熟，关火后加入蔬菜蒜泥酱。

6　待蒜香渗入汤汁中后，再次撒盐和胡椒粉调味，装盘即可。

CORSE

科西嘉岛

科西嘉岛位于地中海，这座位于普罗旺斯地区东南部的小岛曾一直被意大利占领，直至 1768 年才被纳入法国版图。当地人使用的语言也十分特别，为意大利罗马方言。博尼法乔是位于科西嘉岛南部的要塞城市，天气好时可从这里看到撒丁岛等靠近意大利的地区，所以科西嘉岛总给人一种与意大利关系颇深的感觉。首府阿雅克肖位于科西嘉岛南部，因拿破仑出生于此而世界闻名。科西嘉岛东侧地势平缓，西部海岸线复杂，内陆地区有险山和溪谷，景色丰富且变化多样，是一座极具魅力的美丽小岛。

由于被石灰质土壤所覆盖，所以当地几乎不生产蔬菜。但这里日照充足，种植了许多水果，如杨梅、柑橘、柠檬以及与蜜柑十分相似的细皮小柑橘等。板栗作为科西嘉岛的象征，产量巨大。用板栗磨成的粉既可用于制作面包和意大利面，也可制作点心，用途广泛，是一种可代替小麦粉的食材。另外，石灰质土壤也十分适合种植酿葡萄酒用的葡萄。这里拥有如 1968 年取得 A.O.C 原产地质量认证的巴特里摩尼欧等多种优质葡萄酒，科西嘉葡萄酒作为全法国唯一一种产于岛上的葡萄酒，非常受欢迎。

当地的鱼贝类、肉类食材也十分丰富。由于科西嘉岛被地中海包围，所以海胆、龙虾、

弗吉奥山海拔 1427 米，位于纵贯科西嘉岛的登山道 GR20 中北部。科西嘉岛的登山道起伏较大且攀登难度高，深受徒步旅行者喜爱。

普鲁卡拉恰峡谷位于科西嘉岛中南部的巴维拉山附近，是峡谷冒险的好地方，在这里人们可沿河流游泳，也可攀爬岩石，游乐活动非常丰富。

卡普柯尔斯是科西嘉岛北部的一座外形细长的半岛。附近有几座为防止外地袭击而建造的塔。

鲻鱼等产量较为丰富。内陆地区的湍急河流中，也可捕获当地特色料理中所常用的食材——硬头鳟。说起肉类，当地特产的肉类以猪、绵羊和山羊为主。科西嘉岛的人们喜食山羊羔肉，除山羊肉外，在山上放养的猪的肉质也得到了民众的认可，所以这里也盛产各类熟肉制品。另外，当地饲养的牛数量有限，牛肉产量并不充裕，奶酪以绵羊奶和山羊奶为主。布罗秋奶酪是科西嘉岛的传统鲜奶酪，当地人习惯在食用布罗秋奶酪时加入蜂蜜，而这种蜂蜜也是当地的名产之一。

将上述海产和山货与番茄、橄榄油、香草等食材组合在一起，即可制成极具当地特色的田园风格料理，科西嘉人十分擅长这种料理，而多使用香草便是科西嘉料理的典型特征。当地的香草用法多样，如将迷迭香、百里香、罗勒等香草加工成香草精油、向煎蛋中加入薄荷叶等。另外，这里的许多料理都具有强烈的西班牙色彩，如用甜椒和仔牛肉炖煮制成的料理佩布罗纳塔等，带有强烈西班牙色彩是地中海沿岸地区料理的共同特点。

板栗
极具代表性的特产。于 10 月收获，干燥处理后磨成粉，多用以制作面包、饼和饼干等。

香橼
一种直径 10~12 厘米的柑橘，外表似大个的柠檬。味酸，有强烈的苦味，因此不适宜生食，当地人会采用糖渍其外皮等方法料理后再食用。

野杨梅
一种沿地中海沿岸生长的野生杨梅。表面为红色，果肉为橙黄色。口味甘甜且果肉较软，可生食，也可加工制成果酱、蜜饯果品和利口酒。

红菖鲉
一种身长约 50 厘米的菖鲉。拥有红橙相间且外表如大理石般的身体。肉质清淡，可烧烤食用，也可在制作如普鲁旺斯鱼汤等料理时使用。

科西嘉山羊羔
一种在山上自然放养、以母山羊奶养育的羊羔。肉质柔软且味道温和，是当地人经常食用的食材。

蜂蜜（A.O.C）
科西嘉岛上生长着许多香草和柑橘，这种蜂蜜便采于其中。混合了不同花朵的蜂蜜味道浓郁，颇受好评。

●**奶酪**

布罗秋奶酪（A.O.C）
用绵羊奶或山羊奶制成，是法国唯一持有 A.O.C 原产地质量认证的鲜奶酪。绵羊奶酪可在冬季至夏季购买，山羊奶酪可在春季至秋季购买。

马奇鲜花奶酪
一种产于冬季至夏季的羊奶奶酪。制作时无须加压和加热。这种奶酪香味丰富且浓郁，表面裹满了薄荷和迷迭香，上方还放了辣椒和刺柏的浆果，非常美味。

●**葡萄酒**

巴特里摩尼欧（A.O.C）
这是于 1968 年取得 A.O.C 原产地质量认证、口味强劲的高品质葡萄酒。该品牌的红葡萄酒有浆果和香料的气味，玫红葡萄酒有水果和香料的气味，白葡萄酒有花朵香。

卡普柯尔斯麝香葡萄酒（A.O.C）
于 1993 年取得 A.O.C 原产地认证的珍贵葡萄酒。总给人一种清爽的感觉，口感顺滑，产于卡普柯尔斯岛北部的奥特柯尔斯。

阿雅克肖位于科西嘉岛的西海岸，一直是科西嘉岛的中心城市，旧街区至今仍保留着许多热那亚风格的建筑。

风光明媚的吉罗拉塔湾位于科西嘉岛的西北部，附近的斯堪道拉自然保护区和因奇石群而闻名的皮亚纳湾均被列入世界文化遗产。

圣茱莉亚海滩位于科西嘉岛南部，在这里，露出海面的岩石随处可见。科西嘉岛南部有几处十分美丽的海滩，一到夏天，游客便纷纷慕名前来。

砂锅炖烟肉羊肩肉

Épaule d'agneau aux olives et à la pancetta en cocotte lutée

意大利烟肉是意大利和地中海沿岸地区十分受欢迎的食材，这道料理便是用其和饲养于山中的羊羔肩肉制成的，充分展现了科西嘉岛的特点。

用麦芽粉面坯将铁质的砂锅密封起来，使其如同高压锅一般，慢慢炖出肉和蔬菜的香味。

材料（4人份）

羊羔肩肉 1.5 千克	小洋葱 12 个	低筋面粉 40 克	香薄荷*、迷迭香、橄榄油、盐、
意大利烟肉 200 克	胡萝卜 60 克	红葡萄酒 200 毫升	胡椒粉 各适量
黑橄榄 80 克	洋葱 60 克	小牛高汤（详见第 198 页）300 毫升	麦芽粉面坯（详见第 217 页）适量
绿橄榄 80 克	芹菜 10 克	番茄泥 1 汤匙	
白蘑菇 200 个	番茄 1 个	干燥橘子皮 适量	*唇形科香草，又称留兰香。
	蒜 2 瓣	香草束（详见第 201 页）1 束	

1 羊羔肩肉需要长时间炖煮，在处理羊羔肩肉时应留下较多脂肪。处理好后切成边长约5厘米的小块。

2 羊肉块中加入橄榄油、香薄荷和迷迭香，包裹一层保鲜膜后放入冰箱冷藏入味。

3 将胡萝卜、洋葱和芹菜切成边长1厘米的小块。用开水浇淋番茄，去皮后切小块。将意大利烟肉切成宽1厘米、长三四厘米的条。白蘑菇去皮后切成月牙形。

4 羊肉块中撒少许盐和胡椒粉，放入倒了足量橄榄油的砂锅中，中至大火煎至羊肉块变色。

5 盛出羊肉块，倒掉锅内剩余的油脂。重新倒入橄榄油，油热后加入烟肉条翻炒。

6 加入蒜、白蘑菇和迷迭香继续翻炒，蔬菜炒软后加入盐和胡椒粉调味，盛出。

7 倒掉锅中剩余的油脂。再次倒入橄榄油，油热后放入胡萝卜块、芹菜块、洋葱块和香薄荷翻炒。

8 将羊肉块回锅与其他食材混合，撒入低筋面粉并仔细翻炒。

9 倒入红葡萄酒和小牛高汤炖煮，需防止食材被煮焦。擦净砂锅内侧的边缘部分。

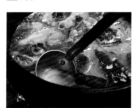

10 加入番茄泥，煮沸后撇去汤中的浮沫。

11 转小火，加入烟肉、小洋葱、番茄块、两种橄榄、干燥橘子皮和香草束。最后加入香薄荷和迷迭香。

12 在砂锅边缘涂抹清水，将麦芽粉面坯固定在砂锅边缘。

13 同样在锅盖边缘涂抹清水，锅盖向下压在麦芽粉面坯上，将砂锅密封起来。将密封的砂锅放入180℃的烤箱中，加热90~120分钟。

14 取出砂锅，敲开麦芽粉面坯，打开锅盖，取出锅中的香草束。加入迷迭香装饰，趁热连锅一起上桌。

意大利烟肉板栗浓汤

Velouté de châtaignes à la pancetta

科西嘉岛的山上生长着丰富的板栗。当地的板栗用途广泛，既可以制作料理，也可以制成点心。
将科西嘉岛产的板栗同鲜奶油混合，即可制成口感黏稠的板栗浓汤。
将猪肋肉用盐腌渍制成的意大利烟肉能衬托出板栗香甜、温和的味道，是本料理的点睛之笔。

材料（8人份）

板栗 500 克
洋葱 1/2 个
意大利烟肉 200 克

鸡高汤（详见第 198 页，或清水）2 升
鲜奶油 100 毫升

黄油 50 克
盐、胡椒粉 各适量

1 将意大利烟肉切成细条。

2 锅中放入黄油（材料外），油热后倒入烟肉条翻炒。

3 炒出香味后倒入切成薄片的洋葱，炒软后加入板栗。

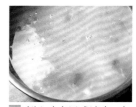

4 倒入鸡高汤或清水，加盐和胡椒粉并煮至沸腾（如使用鸡高汤需煮至汤味浓郁，使用清水则煮出板栗本身的香味即可）。

5 撇出汤中的浮沫并将火调小，使汤保持微微沸腾的状态直至将板栗煮软。

6 将步骤 5 中的食材全部倒入搅拌机中，加入鲜奶油和黄油搅拌。

7 倒入适量的鸡高汤或清水调整汤汁的浓度。

8 过滤汤汁，用砂锅为汤汁保温。

装盘
将汤倒入容器，放入切成细条且翻炒过的意大利烟肉（材料外）装饰。

炸蔬菜
Beignets de légumes

这道料理与日本的天妇罗十分相似，是将西葫芦、茄子、番茄等当地蔬菜裹上面糊炸，然后撒盐制成。

这是一道口感清脆且令人倍感轻松、愉悦的美味料理。

材料（4人份）

带花的西葫芦 3根
西葫芦 1根
茄子 1根
番茄 2个
欧芹 1/2束

香草酱
    百里香叶 1枝的量
    罗勒 20克
    普罗旺斯香草（详见第 173 页）1 茶匙
    橄榄油 100毫升

煎炸面糊
    法式面包专用小麦粉 90 克
    玉米淀粉 60 克
    发酵粉 15 克
    鲜奶油 75 毫升
    鸡蛋 1 个
    水 125 毫升

色拉油、盐 各适量

1　制作煎炸面糊。碗中筛入小麦粉、玉米淀粉和发酵粉，加入鲜奶油、鸡蛋和水，用打蛋器搅拌至颜色均匀。

2　制作香草酱。另一碗中倒入切碎的百里香叶、罗勒、普罗旺斯香草和橄榄油，充分混合。

3　将西葫芦和茄子斜切成厚度约 1 厘米的薄片，用刷子将少量的香草酱刷在切面上。

4　将刷上香草酱的西葫芦片、茄子片、带花的西葫芦、分为大朵的欧芹、浇热水后去皮去子并切成 4 瓣的番茄裹满煎炸面糊，放入 180℃的油中炸至酥脆。炸好后放在沥油架上沥去油脂，趁热在表面撒少许盐。

装盘
将炸蔬菜盛盘，剩下的香草酱盛入另一容器，搭配食用。

PROVENCE

普罗旺斯

特色料理

格兰德艾奥里
将煮过的鱼肉、蔬菜和鸡蛋与蒜泥蛋黄酱搭配食用的料理，是普罗旺斯地区的传统料理，通常在复活节前的星期五食用。

银鱼柳酱
用鳀鱼、蒜和橄榄油制成的酱。

波瓦颂鱼汤
用菖鲉等在岸边钓上来的小鱼和香味蔬菜制成的鱼汤。

阿维尼翁炖肉
用橘子皮和红葡萄酒炖煮羊羔腿制成的料理。

普罗旺斯杂烩
用多种蔬菜、蒜和罗勒炖成的蔬菜料理。

西葫芦蔬菜饼
用炒过的洋葱和切成圆片的西葫芦制成的烤箱料理。

普罗旺斯地区位于法国东南部，地中海沿岸的东部地区，曾是希腊的殖民地，随后又被罗马帝国和西班牙等国占领，直至 15 世纪才成为法国的固有领土。"普罗旺斯"这一名称来源于罗马时代的地名"普罗维西亚"，中心城市为马赛，马赛是因希腊殖民而诞生的海港城市，因贸易而繁荣发展。普旺罗斯拥有许多著名城市，如教皇宫的所在地阿维尼翁以及至今仍举行斗牛比赛的罗马遗迹圆形斗牛场所在地阿尔勒等。

普罗旺斯风景优美，它的美凝聚了大海、高山、田园、湿地等众多要素，是一种独具魅力的自然之美，深受梵高、塞尚等印象派画家的喜爱。受多样的自然条件和温暖的气候影响，这里特产丰富。农作物方面，普罗旺斯料理中必不可少的番茄、蒜、橄榄、甜椒、茄子、西葫芦、洋蓟等蔬菜，还有薰衣草等香草类作物都是当地十分有名的食材。当地还多种植甜瓜、无花果、桃子和柠檬等水果，用这些水果制成的糖渍果品是普罗旺斯中部地区阿普特镇的著名特产。普罗旺斯地区蔬菜和水果的排列种植方式与相邻的尼斯地区十分相似，但普罗旺斯的农作物种植面积却比尼斯更大，种类也更加丰富。

普罗旺斯地区拥有许多鱼贝类特产，如鲈鱼、螃蟹、鳀鱼等。马赛的著名料理普罗旺斯

鲁伯隆山脉位于普罗旺斯的中西部，山脚下的薰衣草田在 7 月最为繁盛。薰衣草田周围有许多如卢尔马兰村一样拥有许多有趣建筑的村庄。

图为法国著名民谣中所歌唱的圣贝内泽桥。这座建于 12 世纪、横跨罗讷河的桥，因河水泛滥而陆续倒塌，如今只剩下部分桥身。

雷堡是建在阿尔皮耶山石灰质石崖上的一座村庄。这里景色宏伟壮观，保留着教堂和城堡等 22 个文化遗产，是极具魅力的旅游胜地。

鱼汤通常使用地中海所产的鱼贝类制作。在肉类方面，普罗旺斯北部山地的西斯特隆羊羔、西部卡马尔格饲养的经阉割的公牛等均十分有名。位于湿地地带的卡马尔格是著名的大米产地。另外，普罗旺斯地区也盛产松露，但由于当地的土壤混入了砂石，所以其生产的松露外形较为弯曲，但风味丝毫不逊色于佩里戈尔产的优质松露。

普罗旺斯地区全年气候温暖，夏季多酷暑，相比于黄油和奶油等食材，当地特色料理中使用橄榄油的频率更高一些。这与意大利和西班牙的料理相同，特别是普罗旺斯西部卡马尔格的滨海圣玛丽村等地，经常食用西班牙杂烩菜饭，更显示其与意大利和西班牙共同点颇多。奶酪方面，由于当地饲养的奶牛数量较少，所以奶酪多以绵羊奶奶酪和山羊奶奶酪为主。

说起葡萄酒，普罗旺斯地区拥有许多持有 A.O.C 原产地质量认证的优质葡萄酒，当地生产的玫红葡萄酒更是享誉世界，马赛东部美丽的海港城市卡西所生产的白葡萄酒也十分有名，卡西的葡萄田是全法国历史最悠久的葡萄田。

特产

普罗旺斯洋蓟
紫色的鸡蛋形小朝鲜蓟。茎部十分柔软，也可以食用。

普罗旺斯巴旦杏仁
普罗旺斯地区特产的甜味杏仁，种植最多的是菲拉讷品种，该品种的杏仁较大，外壳较软。

卡维隆甜瓜
丰满圆润、表面带有绿色竖条纹的甜瓜，果肉为鲜艳的橘黄色。卡维隆甜瓜香味浓郁，肉质紧实，果肉带有甜味。

西斯特隆羊羔
当地北部的小村庄西斯特隆饲养的羊羔。味道柔和、肉质细腻，是法国有名的高品质羊肉。

尼永橄榄油（A.O.C）
产于普罗旺斯北部小村庄尼永的橄榄油，以黑橄榄为原料制成，是法国少有的持有 A.O.C 原产地质量认证的橄榄油。

普罗旺斯香草
由百里香、香薄荷、马郁兰、牛至、迷迭香、罗勒、香叶芹、青蒿和拉维纪草混合制成，即混合香草。

●奶酪

穆拉兰奶酪
产于蒙特鲁的顺滑奶酪，制作时无须压缩和加热。食用季节为晚冬至夏季。

波瓦布尔达讷奶酪
用山羊奶和牛奶，或仅使用牛奶制成的柔软奶酪，表面裹满了香薄荷。这种奶酪的熟成期约为 1 个月，全年均可生产。

阿尔皮耶农场山羊奶酪
由山羊奶制成的软质奶酪。制作时无须加压和加热。多夏季生产，产地位于靠近罗讷河的阿尔皮耶山。

●酒／葡萄酒

艾克斯丘（A.O.C）
1987 年取得 A.O.C 原产地质量认证的葡萄酒。产地横跨普罗旺斯中北部的迪朗斯河沿岸至地中海、罗讷河到圣维克多山脉的 49 个市镇村。其葡萄酒生产比例为：玫红葡萄酒 55%、红葡萄酒 40%、白葡萄酒 5%。

茴香酒
产于地中海沿岸，以马赛产的八角茴香、甘草和小茴香等食材为原料制成的带有香味的透明甜利口酒。主要作为餐前酒饮用，用水稀释后变成白色液体。

阿尔勒位于普罗旺斯西部，是沿罗讷河分布的城市。公元 5 世纪时是西罗马帝国的首都，市内保留了圆形斗牛场等多个历史遗迹。

因饲养羊羔而闻名的西斯特隆，位于海拔约 485 米、迪朗斯河的丘陵地带。这里有建于 11 世纪的城寨和伦巴第风格的教堂等许多值得游览的地方。

圣维克多山位于马赛北部、普罗旺斯艾克斯的东部，是深受当地画家保罗·塞尚喜爱的绘画素材。

马赛鱼汤
Bouillabaisse marseillaise

来自地中海沿岸城市马赛、由渔民创造的豪爽火锅料理。这道料理中要至少放入4种新鲜的鱼。
漂亮的黄色鱼汤凝聚了菖鲉、海鲂、鮟鱇等多种鱼肉的精华，还吸收了番红花浓郁的香味，色香味俱全。

材料（便于调制的量）

4种以上的鱼（菖鲉、金线鱼、绿鳍鱼、海鲂、鮟鱇、鳗鱼等）共2千克
橄榄油 10毫升
番红花 适量

鱼汤
小鱼（金线鱼、菖鲉）1千克
梭子蟹（或较小的毛蟹）2只
洋葱 1个
茴香 1/2根
蒜 3瓣
韭葱 1根
番茄 2个
橄榄油 30毫升
番茄泥 1汤匙
香草束（韭葱绿色部分、意大利香芹、月桂叶和干燥的橘子皮）（详见第201页）1束
水 3升
土豆 200克
香薄荷（或百里香）1枝

番红花、盐、白胡椒粉 各适量

配菜、装盘
蒜泥蛋黄酱（详见第203页）适量
橄榄油 10毫升
长棍面包 1/2根
茴香叶、罗勒叶 各少量

1 去除金线鱼的头、尾和背鳍，刮去鱼鳞并掏出内脏，将鱼肉中的血水洗净后切成宽三四厘米的小块。

2 用剪刀剪去鲛鱇的背鳍并剥去鱼皮。用刀剔去暗红色的鱼肉和身上的薄膜，切成小块。

3 用刀插入螃蟹壳的边缘缝隙中，撬开螃蟹壳，拔去螃蟹腿，去除蟹鳃和砂囊，然后将螃蟹切成小块。

4 分开海鲂的皮、骨和肉，选取鱼脊肉切片。

   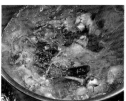

5 适当处理好其他鱼。

6 用擀面杖将螃蟹碾碎，锅中倒入橄榄油，油热后加入螃蟹大火翻炒，炒至变成红色，捞出控油。

7 在炒螃蟹的锅中倒入橄榄油，取一半的蒜切碎，同番红花、茴香、韭葱、洋葱一起入锅翻炒。

8 放入小鱼和炒好的螃蟹，倒入清水，加切块的番茄、番茄泥、香草束和香薄荷，撒少许盐和白胡椒粉，炖煮 2.5 小时。也可加入其他鱼的鱼骨一起炖煮。

9 锅内侧的边缘多少会粘一些油渍或食材，可能会被烤焦和使汤汁变苦，因此要用毛巾擦干净。

10 汤表面的浮沫会使汤变苦变臭，所以需要仔细地撇去浮沫。

11 炖煮完成后，取出汤中的香草束，将汤和食材一起倒入搅拌机中搅拌，然后过滤。

12 将提前处理好的各种鱼肉裹满橄榄油，表面撒少许盐，放上番红花并放入冰箱腌渍 30~60 分钟。

13 锅中倒入过滤的汤汁加热，将肉质较硬的鱼先放入汤中煮，然后放入其他鱼肉焖煮。

14 当竹扦可轻松插入鱼肉时即可。

15 捞出鱼肉放在铁架上，注意不要弄碎鱼肉。将土豆削块后也放入汤中煮熟。

装盘
将鱼肉和土豆盛盘。剩下的一半蒜切碎、挤出蒜汁淋在鱼肉上，放入茴香叶装饰。
将长棍面包切片，涂抹橄榄油后放入烤箱烤至焦黄，取适量蒜泥蛋黄酱放在面包上。最后用罗勒叶装饰并盛入另一容器即可。

普罗旺斯焖牛肉

Daube de bœuf à la provençale

这是将肉类与香味蔬菜用白葡萄酒焖制而成的料理。是当地颇为流行且十分受欢迎的家庭料理。
将肉质紧实的牛肉慢慢焖至软烂，加入橄榄油和番茄泥，端上餐桌即可。

材料（8人份）

牛肩肉 600 克
白葡萄酒 200 毫升
胡萝卜 70 克
洋葱 70 克
蒜（带皮）4 瓣
香草束（详见第 201 页）1 束

番茄 2 个
小麦粉 3 汤匙
小牛高汤（详见第 198
页）500 毫升
橄榄油、黄油、盐、胡椒粉、
黑胡椒碎粒 各适量

番茄泥
　番茄 6 个
　番茄酱 1 汤匙
　洋葱 50 克
　蒜 4 瓣
　橄榄油、黄油、盐、胡椒粉 各适量

配菜、装盘
绿橄榄 80 克
黑橄榄 80 克
百里香 适量

1 小心剔除牛肩肉表面的白筋。

2 将牛肩肉切成大块，放入方形托盘后两面撒盐。

3 锅中倒入橄榄油和黄油，油热后倒入牛肉块，大火快速煎至两面变色后捞出。

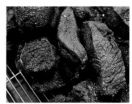

4 沥去牛肉块中的汁水后撒少许胡椒粉。将滴落在托盘中的肉汁收集起来备用。

5 去除煎牛肉块的锅中剩下的油脂，重新倒入黄油和橄榄油。

6 加入切成块的胡萝卜、洋葱、蒜和香草束，小火翻炒至所有蔬菜变软。

7 倒入白葡萄酒，小火炖煮，去除白葡萄酒中的酸涩味。

8 将煎过的牛肉块放入锅中，撒入小麦粉翻炒。

9 倒入小牛高汤、去皮并切成小块的番茄和步骤4中的肉汁，沸腾后撇去浮沫。加入黑胡椒碎和盐，保持微微沸腾的状态炖煮。也可盖上锅盖放入180~200℃的烤箱中加热。

10 待牛肉块煮软后捞出，包裹一层保鲜膜并放在温暖的地方保存。

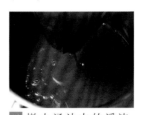

11 撇去汤汁中的浮沫，继续炖煮至略微黏稠。过滤汤汁，上桌前将肉放入其中加热。

12 制作番茄泥。锅中倒入橄榄油和黄油，油热后倒入切碎的洋葱和蒜。

13 洋葱炒软后加入用开水烫过、去皮去子并切成小块的番茄。撒盐，加入番茄酱，小火炖煮。

14 煮至番茄软烂后再煮片刻，蒸发番茄泥中的水分，撒盐和胡椒粉调味。

装盘

将牛肉块和汤汁盛入较厚的锅中，加入番茄泥和去子的橄榄，用百里香装饰，最后连锅一起上桌即可。

腌渍炸鲐鱼
Escabèche de maquereaux

准备足够的橄榄油炸鱼，将炸好的鱼肉装入有酸味香草的腌泡汁中腌渍。
据说最初是由西班牙传入法国的，西班牙人将其称为"艾斯卡奇"。普罗旺斯地区的厨师在制作
这道料理时一般使用沙丁鱼类食材。

材料（8 人份）

鲐鱼 4 条
黄油、橄榄油、盐、胡椒
粉 各适量

腌泡汁
　小胡萝卜 8 个
　蒜 5 瓣
　小洋葱 8 个
　柠檬皮和柠檬汁 1 个柠檬的量
　百里香、迷迭香、月桂叶、橄
　榄油 各适量

白葡萄酒醋 75 毫升
白葡萄酒 250 毫升
罗勒叶 15 克
埃斯佩莱特辣椒、盐、黑胡椒碎粒 各适量

1 将切成段的鲕鱼（详见第214页）对半切开，两面多撒一些盐和胡椒粉。

2 锅中倒入足量的黄油和橄榄油，中火加热，油热后将鱼肉带皮的一面朝下放入锅中。

3 鱼肉煎至八成熟，鱼皮煎成焦黄色时翻面。翻面后迅速关火，利用余热煎制鱼肉部分。

4 取一半的罗勒叶，撒入足量的橄榄油后切碎。

5 将切碎的罗勒叶铺在方形托盘底部，将鲕鱼鱼皮朝上放入托盘中。

6 小胡萝卜削皮，斜切成薄片。

7 去除蒜芽，将蒜切成薄片。将蒜和胡萝卜片分开炖煮至变软。

8 剥去小洋葱的皮，切掉两端，然后切成厚约2毫米的片。

9 煎鱼锅中倒入橄榄油，依次放入所有蔬菜、柠檬皮和所有香草，中火翻炒。

10 加盐和黑胡椒碎，倒入白葡萄酒醋、白葡萄酒、柠檬汁、剩下的罗勒叶和橄榄油。

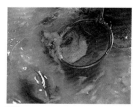
11 加入埃斯佩莱特辣椒，煮沸后转小火，继续加热10分钟左右。过程中撇去浮沫，适当擦去锅内侧边缘的污渍。

12 将埃斯佩莱特辣椒放在鲕鱼上，趁热倒入煮好的腌泡汁，用保鲜膜密封起来放入冰箱。

13 第2天即可食用。将其盛入瓶子等密闭容器放入冰箱冷藏，可保存两三个月。

法式炖乌贼
Chipiron farcis à la ratatouille

将切碎的茄子、西葫芦、番茄、甜椒等食材用橄榄油翻炒，制成如蔬菜杂烩一样的配菜，塞入乌贼后即可制成这道料理。

普罗旺斯地区有许多以乌贼为主要食材制成的料理，这道便是其中之一。筋道的乌贼、嚼劲十足的蔬菜和番茄的酸味共同构成了这道美味。

材料（4人份）

中等个的乌贼 4 只（小个乌贼需要 8 只）

蔬菜杂烩	酱汁
洋葱 1/2 个	乌贼的碎肉 适量
蒜 1 瓣	洋葱 1 个
红甜椒 1/2 个	蒜 3 瓣
绿甜椒 1/2 个	番茄 2 个
番茄 1 个	橄榄油、白葡萄酒 各适量
茄子 1/2 个	
西葫芦 1/2 个	
百里香叶、面包粉 各适量	
蛋黄 1 个	
橄榄油、盐、胡椒粉 各适量	

4 将切成小块的茄子和西葫芦分别用橄榄油炒熟，沥干油分。

5 混合步骤 3 和 4 中的食材，与面包粉和蛋黄一起塞入乌贼中。

6 制作酱汁。将洋葱切成薄片，蒜切碎。用开水浇淋番茄，去皮去子后切碎。

7 锅中倒入橄榄油，放入乌贼的碎肉翻炒，然后加入洋葱片和蒜碎。

8 炒至洋葱呈透明状时倒入白葡萄酒，稍煮片刻后加入番茄碎。

9 放入塞好配菜的乌贼，盖上锅盖小火炖煮，煮至乌贼内部的蔬菜变软。

10 盛出乌贼，过滤剩下的汤汁并加入盐和胡椒粉调味。若汤汁中的水分较多可再多煮片刻。

1 去掉乌贼的足和内脏后洗净。剥去皮，切去鳍，留下足作装饰，切下来的边角料用来煮酱汁。

2 煎锅中倒入橄榄油，油热后倒入切碎的洋葱和蒜翻炒。加入百里香叶、切成小块的红甜椒和绿甜椒。

3 用开水浇番茄，去皮并切成小块，放入锅中并撒盐和胡椒粉，小火炖煮。

装盘
将乌贼盛入容器，倒入酱汁，加入用橄榄油快速煸炒的乌贼脚装饰。

蒜酱
Aïoli

将蒜捣碎，加入煮熟的土豆、蛋黄、橄榄油拌匀，待其乳化后即可制成蒜酱，这种酱与蛋黄酱十分相似。蒜酱拥有浓郁的蒜香，聚餐时，可把蒜酱放在煮过的鱼或蔬菜上招待客人。

材料（便于调制的量）

蒜 6 瓣
蛋黄 1 个
土豆 1 个
橄榄油 200 毫升
盐、胡椒粉 各适量

1 将蒜放在蒜臼中捣碎。
2 土豆在盐水中煮熟，放入蒜臼中捣碎，与蒜碎充分混合。
3 加入蛋黄搅拌均匀，然后分次少量倒入橄榄油，使其充分乳化。
4 加入盐和胡椒粉调味即可。

朗格多克－鲁西永

概况

地理位置 位于法国南部，地中海西部沿岸地区。北临塞文山脉，南抵比利牛斯山脉，与西班牙接壤。沿海地区多平原，内陆地区多石山。

主要城市 朗格多克地区的主要城市为蒙彼利埃，鲁西永地区的主要城市为佩皮尼昂。

气　候 全年温暖干燥，同时会受来自山地的冷空气影响。

其　他 朗格多克有"说奥克语人之地"的意思。

特色料理

卡斯泰勒诺达里什锦砂锅
用猪肉（猪腰肉、猪腿肉、香肠、猪背上的脂肪）和油封鸭腿肉制成的什锦砂锅。

卡尔卡松什锦砂锅
卡斯泰勒诺达什锦砂锅中的食材，再加入羊腿肉和山鹑制成的什锦砂锅。

贝济耶烤茄子
将火腿、肉馅和盐渍猪肉等食材塞入茄子，放入烤箱中烤制而成。

卡尔卡松炖洋蓟
用白葡萄酒炖煮维奥雷洋蓟（一种较小的鸡蛋形洋蓟）制成的料理。

鸭油渣
将鸭皮切成小块，用鸭油炸制成的料理。

佩泽纳肉饼
用带有柠檬皮、肉豆蔻、肉桂、红糖等香料味道的羊羔肉和羊肾制成的小肉饼。

朗格多克–鲁西永地区位于法国南部，地处广阔的地中海西部沿岸，气候温暖。该地区被北部的塞文山脉和南部的比利牛斯山脉夹在中间，中部为广阔的平原，地形丰富多样。北部为朗格多克地区，南部为鲁西永地区，主要城市分别为蒙彼利埃和佩皮尼昂。

与其他地中海沿岸地区一样，朗格多克–鲁西永地区拥有十分悠久的历史，这里有许多古老的城市，如拥有高架渠桥和圆形剧场等古罗马遗迹的尼姆，自古罗马时期就是要塞城市的卡尔卡松等。当地的饮食文化较为成熟，拥有许多特色的料理和点心。如尼姆的奶油鳕鱼酪、卡尔卡松的什锦砂锅、蒙彼利埃的炸点心等。

当地气候温暖，同时拥有山地、海洋和平原多种地形，地理条件优越，因此食材丰富，饮食文化较为发达。当地特产种类繁多，如白芸豆、橄榄、巴旦杏、洋李、樱桃等蔬菜和水果，金枪鱼、鳕鱼、鲐鱼、生蚝和贻贝等鱼贝类，以及鸭、鹅、羊、猪等家禽和家畜，还有山中的野味、蘑菇等，不胜枚举。产于地跨普罗旺斯地区和朗格多克地区的卡马尔格湿地的大米和公牛肉也是当地十分受欢迎的食材，可

科利乌尔是靠近西班牙国境线的小渔村，因生产洋蓟而闻名。这里保留了许多古老的城堡和教堂等建筑，景色迷人，深受马蒂斯等画家的喜爱。

鲁西永南部风光明媚、景色宜人，图中穿梭于比利牛斯山的黄色列车通往海拔 1600 米的地方，是全欧洲通车地点最高的火车。

炖煮制成加尔迪安风格的料理。除此之外，当地还盛产猪血香肠等熟食，从鲁西永的海港科利乌尔捕获的鳗鱼也是颇具盛名的高级食材。

当然，葡萄酒也是朗格多克-鲁西永地区的著名特产。拥有石灰质土壤、干燥的气候以及充足的日照时长等条件，当地葡萄种植条件优越，葡萄酒产量占全法国的1/3。虽然当地生产奶酪不多，但却生产出很多能令人放松的产品，如佐餐葡萄酒等。另外，当地多蜗牛，这些蜗牛则是葡萄种植的副产品。

当地制作的料理多将蒜、洋葱、番茄和橄榄组合起来使用，也多使用橄榄油。这些特点与普罗旺斯等地中海沿岸地区是相同的。由于鲁西永地区17世纪以前一直被西班牙占领，所以许多料理都是从西班牙的加泰罗尼亚流传过来的，如用蔬菜和加工肉制品制成的砂锅料理维亚得和加泰罗尼亚奶油炖蛋等，中心城市佩皮尼昂的街道上也随处可见提供西班牙菜的餐馆。

特产

卡马尔格公牛（A.O.C）
1996年取得A.O.C原产地质量认证。卡马尔格公牛并非当地所盛产的斗牛用公牛，而是为食用饲养的非阉割的肉牛，肉质紧实且十分有嚼劲。

布齐盖生蚝
布齐盖位于蒙彼利埃西部，面朝泻湖。当地的养殖户在泻湖北部一带设置了几座生蚝架，是地中海沿岸生蚝产量最高的养殖区。

橄榄（A.O.C）
尼姆是皮削利绿橄榄的一大产地，这里生产的橄榄于2006年取得A.O.C原产地质量认证。此外，尼姆也因生产橄榄油而世界闻名。

卡马尔格大米
卡马尔格是法国主要的大米产地，一年可生产大米11万吨。这里的大米多为长粒品种和半长粒品种，近年来也多种植粳稻。

茄子
当地多生产优质的茄子。除炖煮外，还可将茄子加热成茄泥，与橄榄油混合，涂在面包上食用，这种食用方法在当地十分受欢迎。

●奶酪

培拉冬塞文奶酪
以山羊奶为原料制成的软质奶酪，制作时无须加压和加热。这种奶酪几乎没有外皮，肉质紧实，散发着榛子的香气。

尼姆鲜奶酪
以牛奶为原料制成的新鲜奶酪。混合着微微的酸味和少许甘甜，奶酪上还撒着少许月桂叶。

●葡萄酒

朗格多克山丘（A.O.C）
1985年取得A.O.C原产地质量认证。主要产地为卡布雷尔村和拉美嘉内村，产品主要为红葡萄酒。

利穆布朗克特（A.O.C）
一种发泡性的白葡萄酒。利用代代相传的传统技法酿造，纯自然发酵的葡萄酒。

麝香葡萄酒
一种天然的白葡萄酒。于近海地区弗龙蒂尼昂生产的麝香（A.O.C）等葡萄酒十分有名。

有"朗格多克威尼斯"之称的塞特港位于泻湖和地中海之间，陆地部分延伸至图卢兹。塞特港是米迪运河的起点。

位于朗格多克南部的沿海村庄菲特是朗格多克地区历史最悠久的葡萄酒产地。该地产的葡萄酒在1948年取得A.O.C原产地质量认证。

蒙彼利埃是一座极具南法风格的学院城市，建筑色调较为明亮。法国最古老的医学院诞生于此，中世纪著名作家拉伯雷所就读的学校是以该学校为前身建立的。

奶油鳕鱼酪
Brandade de morue

尼姆是一座位于朗格多克地区东部的古老城市，这道料理便是那里的特色料理。奶油鳕鱼酪是舶来品，最初是将盐渍鳕鱼去盐捣碎，然后加入橄榄油和牛奶拌匀而成。

当地人大多会向其中再加入蒜和土豆，使料理的味道更加丰富。完成后既可以直接食用，也可以将表面烤出颜色后再食用。

材料（6人份）

盐渍鳕鱼 800 克
牛奶 500 毫升
水 500 毫升
百里香、月桂叶 各适量
蒜 6 瓣

欧芹茎 2 根
白胡椒碎 适量
土豆 4 个
粗盐 适量

蒜油
　橄榄油 300 毫升
　蒜 4 瓣
鲜奶油 200 毫升
盐、胡椒粉 各适量

蒜香面包
长棍面包、蒜、橄榄油 各适量

1 将牛奶、水、百里香、月桂叶、欧芹茎和去皮去芽、对半切开的蒜放入锅中，盖上锅盖中火炖煮。汤汁沸腾后转小火。

2 待蒜煮软，香草的香气渗入汤汁时，依次加入白胡椒碎和提前处理好的盐渍鳕鱼（见第214页），盐渍鳕鱼选取鱼肉较厚的部分。

3 焖煮鳕鱼时需注意不要使汤汁沸腾，焖好后将鳕鱼盛入方形托盘中，包一层保鲜膜，放在温暖的地方保存。

4 过滤汤汁。煮软的蒜捞出备用。

5 去除焖煮过的鳕鱼皮。

6 去除鳕鱼的脊骨和暗红色带血的部分后将其捣碎成泥。捣碎的鳕鱼极易冷却，所以需尽快与其他食材混合。

7 将土豆带皮放入铺满粗盐的方形托盘中，连同托盘一起放入160~170℃的烤箱中加热40~60分钟。

8 当竹扦可轻松刺入土豆中时取出，趁热剥去土豆皮并将土豆捣碎。

9 制作蒜油。将去皮去芽的蒜瓣平均切成4~6等份。锅中倒入橄榄油加热，放入蒜瓣，让蒜香融入橄榄油中，油煮过程中需避免蒜变色。

10 加入鲜奶油，用小至中火炖煮至稍稍黏稠。

11 将鳕鱼泥、土豆泥和煮软的蒜倒入碗中，用搅拌机搅匀。

12 加入盐和胡椒粉。倒入少许蒜油（可凭喜好加入蒜）和鲜奶油搅拌均匀。

13 再次加入盐和胡椒粉调味。

装盘

将搅拌好的食材盛入容器，撒入适量帕玛森奶酪（材料外），放入200~220℃的烤箱烤至表面变色。将长棍面包切片，蒜切开摩擦面包表面，使面包具有蒜香，面包表面涂抹足量的橄榄油，放入180℃的烤箱中烤至表面酥脆。最后将蒜香面包盛入另一容器，与奶油鳕鱼酪搭配即可。

赛特蒜蓉鱼羹
Bourride de lotte à la sétoise

沿海城市赛特的鱼汤料理，十分有名。

除不使用番红花外，这道料理的其他地方与马赛鱼汤颇为相似。

传统的赛特蒜蓉鱼羹会向汤汁中加入番茄和蒜酱，让食客在品味番茄的酸味和蒜香的同时，尽情享受鱼肉带来的美味。

材料（4人份）

鮟鱇（约1.2千克）1条
番茄酱
　番茄 3个
　洋葱 1/2个
　橄榄油 1汤匙
　香草束（详见第201页）1束
　盐、胡椒粉 各适量

蒜酱
蒜 30克
土豆 1个
蛋黄 2个
橄榄油 150毫升

清汤
韭葱 1根
胡萝卜 2根
洋葱 2个
蒜 2瓣
水、白葡萄酒 各1升

配菜
胡萝卜 200克
土豆 5个
青豌豆 100克
菠菜 150克
黄油、盐、胡椒粉 各适量

1 剥去鲛鳒鱼皮，切去鱼尾。将刀沿鱼脊骨刺入鱼肉中，去除胸鳍和背鳍。

2 小心剔除鱼肉上暗红色带血的部分，将鱼肉洗净。

3 擦去水分，将鱼切成宽三四厘米的鱼块。

4 制作番茄酱。锅中倒入橄榄油，加入切碎的洋葱翻炒软后，加入用开水烫过、去皮去子且切成小块的番茄。

5 加入盐、胡椒粉和香草束，小火炖煮至食材的味道融入酱汁即可。

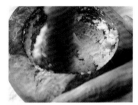

6 制作蒜酱。将去皮去芽的蒜碾碎，加入用盐水煮熟的土豆混合。

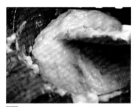

7 加入蛋黄和橄榄油，搅拌至乳化。

8 锅中倒入清汤（详见第200页），中火炖煮，倒入切块的胡萝卜。汤汁沸腾后加入青豌豆和切块的土豆。

9 撒少许盐和胡椒粉后放入鱼块炖煮，过程中汤汁保持微微沸腾的状态。当汤汁的液面低于鱼块时，可加入适量水（材料外），使汤汁没过鱼肉。

10 当竹扦可轻松插入鱼肉时捞出鱼块。蔬菜煮熟后捞出，放在温暖的地方保存。将剩余的汤汁过滤。

11 将少量汤汁倒入另一锅中加热。加入蒜酱搅拌均匀，炖煮过程中需注意避免汤汁沸腾。可根据汤汁的浓度调整加入蒜酱的量。

12 加入一半番茄酱，倒入剩下的汤汁。

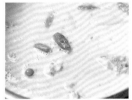

13 放入鱼块和蔬菜，加盐和胡椒粉调味。

14 用黄油清炒菠菜，炒好后加盐和胡椒粉调味。

装盘

将部分炒好的菠菜铺在盘底，盛入适量鱼块和蔬菜，倒入用搅拌器搅拌过的汤汁，再将剩下的菠菜和番茄酱摆在料理上。将长棍面包（材料外）切片，淋适量橄榄油后放入180℃的烤箱中烤至酥脆，搭配食用即可。

蒜香浓汤
Aigo Boulido

将蒜、月桂叶和鼠尾草一同炖煮，然后加入蛋黄令汤汁更加黏稠，从而打造出这道口感细腻的汤品。此汤对身体虚弱或宿醉的人效果显著。

切片面包配合汤品，二者共同构成了这道美味的传统料理。

材料（8人份）

蒜 10 瓣
月桂叶 1 片
鼠尾草 2 根
橄榄油 80 毫升
鸡高汤（详见第 198 页，或清水）2 升
蛋黄 4 个
硬面包片 16 片
格吕耶尔奶酪 50 克
盐、胡椒粉 各适量

1　将蒜切碎，再用菜刀剁成蒜泥。

2　将蒜泥倒入锅中，加入月桂叶、鼠尾草、盐和橄榄油，小火炒熟。

3　另起一锅，倒入鸡高汤或水，汤汁沸腾后倒入步骤2中的食材，保持微微沸腾直至蒜变软。

4　捞出月桂叶和鼠尾草，用搅拌机将剩下的食材搅拌均匀。加入蛋黄，然后加盐和胡椒粉调味。

5　将步骤4中的食材和烤过的硬面包片交替盛入容器，撒适量擦成丝的格吕耶尔奶酪，烤至奶酪化开且变色，趁热上桌即可。

香槟、弗朗什-孔泰

概况

地理位置	位于法国东北部的内陆地区。北部为平原，塞纳河和马尔讷河流经于此；南部为孚日山脉的山岳地带，拥有幽深广阔的森林，与比利时和瑞士接壤。
主要城市	香槟地区的主要城市为兰斯，弗朗什-孔泰地区的主要城市为贝桑松。
气候	冬季较为寒冷，温差较大，夏季湿度较高。
其他	17世纪的修道士唐·培里侬研制出了香槟的做法。

特色料理

蔬菜烧肉
将盐渍猪五花肉、香肠、白芸豆和香味蔬菜一同炖煮制成的料理。食用前倒入香槟。

葡萄酒汤
用葡萄酒、黄油面酱、牛肉汤或鸡汤制成的葡萄酒风味的汤。

弗朗什-孔泰脆皮奶酪焗韭葱
加入了鲜奶油和孔泰奶酪的韭葱脆皮烤菜。

蒙多尔热奶酪
蒙多尔奶酪中加入阿尔布瓦葡萄酒，加热至奶酪化开后与土豆一同食用。

吉克斯蓝霉/莫尔比耶奶酪面包
将奶酪放在吸满白葡萄酒的面包上，经烤制而成的料理。

弗朗什-孔泰奶酪火锅
用蒜擦拭锅底，将孔泰奶酪、侏罗山产的白葡萄酒和樱桃白兰地倒入锅中制成的奶酪火锅。

香槟地区位于法国东北部，因与其同名的葡萄酒而闻名。主要城市为历史悠久且风景迷人的兰斯，自5世纪以来，兰斯就一直是历代法国国王举行加冕典礼的地方。香槟地区北部与比利时接壤，从该地区沿马恩河向东南方向前进，便可来到与瑞士和德国接壤的弗朗什-孔泰地区。弗朗什-孔泰地区位于裸露着侏罗纪时代石灰岩的侏罗山脉和孚日山脉等高山连绵的山岳地带，主要产业为生产手表和精密仪器的制造业和林木业。弗朗什-孔泰地区的首府贝桑松因举行音乐比赛而世界闻名。此外，近代建筑家勒·柯布西耶设计的圣母玛利亚教堂就坐落在弗朗什-孔泰地区北部的朗香镇。

香槟、弗朗什-孔泰地区总体为大陆性气候，冬季寒冷、夏季炎热，且经常出现雷雨天气。这种极端的气候加之多高山的地形，致使农业十分不发达。但当地还是会种植樱桃等水果。其他蔬果较为少见，取而代之的是产于山中的蘑菇、野味、河鱼以及家畜、家禽等食材。蘑菇中羊肚菌的产量尤为丰富，野味以鸽子、野猪和鹿为主，河鱼则以鳟鱼和鳗鲡为主。尽管当地的小龙虾、青蛙和蜗牛产量正在逐年减少，但也曾是当地著名的特产。

为纪念第一次世界大战中的马恩河战役而建造的纪念碑。当时的德国军队已经突破了比利时防线，即将进攻巴黎，法国军队在香槟地区的马恩河岸边对德军进行了反击。

建于12世纪的查沃教堂，地处兰斯附近。周围有广阔的葡萄田，也分布着许多酿造香槟的酒厂。

波利尼位于贝桑松西南部，是孔泰奶酪的主要产地，这里还有孔泰奶酪博物馆。波利尼靠近因葡萄酒闻名的阿尔布瓦。

此外，当地多生产熟食和奶酪。位于弗朗什-孔泰地区东部的城市蒙贝利亚尔和莫尔托生产的熏制火腿、香肠等熟食均十分有名。当地冬季寒冷，自古就有制作熏肉的习俗，熏制肉类的保存时间长，格外受当地人喜爱。如果要说这里生产的奶酪，最先提到的一定就是孔泰奶酪了。孔泰奶酪历史悠久，是法国产量最高的奶酪。由于当地饲养了大量蒙贝利亚尔德奶牛，所以当地生产的许多著名奶酪都是用牛奶制成的。

当地有许多极具个性的葡萄酒。例如，产自香槟地区著名的发泡葡萄酒香槟，以及弗朗什-孔泰地区生产的黄酒（黄色的葡萄酒）。黄酒是利用采摘较晚的葡萄酿造，酒液在木桶中陈放6年方可制成。这种葡萄酒在存放时还需使用容量为620毫升的特殊瓶子保存。弗朗什-孔泰地区的葡萄酒产地以中部的侏罗山区为主，那里是法国十分古老的葡萄酒产地，其生产葡萄酒的历史可追溯到中世纪。

法国与瑞士接壤的边境地区有一条落差27米的瀑布，即渡河瀑布，该瀑布是一个人气颇高的旅游景点，每天都有游船从附近的维莱尔莱拉克前往此地。

位于弗朗什-孔泰北部克瑟伊莱班酒店的温泉设施。克瑟伊莱班酒店所在的城市自古以来就是法国著名的温泉疗养地之一，至今仍有许多人来这里度周末。

朗格勒位于香槟地区南部，靠近勃艮第地区。这是一座由3.5千米的城墙环绕着的美丽城市。因与其同名的水洗奶酪而世界闻名。

黄酒羊肚菌炖小牛胸腺

Ris de veau au vin jaune et aux morilles

以还在饮奶的小牛为主要食材，将其内脏和胸腺肉制成奶油焖肉，然后用当地生产的黄酒和羊肚菌制成酱汁，与奶油焖肉混合制成。

小牛胸腺味道温和，内脏却有异味，所以在制作奶油焖肉前一定要将内脏焯去异味。

材料（4人份）

小牛胸腺（每份约200克）4份
焯水用的材料
　月桂叶、杜松子酒、百里
　香 各适量
小麦粉、澄清黄油、黄油、盐、
胡椒粉 各适量

配菜、酱汁
羊肚菌（干
燥）50克
红葱 1个
黄油 适量
黄酒 200毫升

牛肉高汤（详见第200页）300
毫升
鲜奶油 100毫升
盐、胡椒粉 各适量

土豆泥（详见第221页）适量

1 将小牛胸腺（详见第211页）提前处理好，用厨房用纸吸去表面的水分，然后撒盐。可将肉切成片。

2 在装盘时朝上的一面（刀痕较少且表面光滑的一面）撒上小麦粉。

3 煎锅中倒入澄清黄油，油热后将小牛胸腺中沾满小麦粉的一面朝下放入锅中，中火煎制。

4 煎至肉变成褐色时翻面，煎制另一面。补足黄油。

5 待黄油化开后适当淋在小牛胸腺上，中火煎出香味。煎制过程中，要使黄油一直冒出白色的奶油状泡沫。

6 煎至小牛胸腺变色后捞出，盛入铺好厨房用纸的方形托盘中，吸去多余的油脂。撒少许胡椒粉。

7 将所有干燥的羊肚菌用水洗净，放入水中泡发，并切成适当大小。留下浸泡羊肚菌的水备用。

8 将红葱切碎。

9 锅中倒入20克黄油，中火加热，倒入羊肚菌和切碎的红葱翻炒。撒一撮盐和适量胡椒粉调味。

10 倒入黄酒炖煮片刻，再加入100毫升浸泡羊肚菌的水。

11 小火炖煮，撇去浮沫。

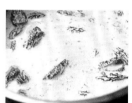

12 加入牛肉高汤，待其具有一定浓度时加入鲜奶油继续炖煮。煮好后撒少许胡椒粉。

13 用滤网过滤，将酱汁和羊肚菌分离。羊肚菌可直接用作配菜。

14 取10~20克黄油倒入酱汁中，用搅拌器充分拌匀，撒少许盐和胡椒粉调味。

装盘

将小牛胸腺和羊肚菌盛盘，淋入充足的酱汁。将土豆泥盛入另一容器中，搭配食用即可。

孔泰蔬菜炖肉
Potée comtoise

将甘蓝等蔬菜与肉类一同炖煮制成的蔬菜炖肉。法国各地的蔬菜炖肉多种多样，各不相同。
孔泰地区的蔬菜炖肉除了使用盐渍肉和甘蓝外，还会加入当地特产莫尔托粗香肠。

材料（8人份）

盐渍带骨猪肋肉 * 400 克
盐渍猪肋肉 * 400 克
盐渍猪肩肉 * 400 克
莫尔托粗香肠 4 根
洋葱 2 个

韭葱 3 根
芜菁 4 个
土豆 8 个
胡萝卜 2 根
皱叶甘蓝 1 棵

香草束（详见第 201 页）1 束
丁香 2 个
水、粗盐、盐、黑胡椒碎、胡椒粉 各适量

*盐渍方法请参照扁豆炖咸猪肉（详见第 134 页）。

1 将所有猪肉切成大块，用棉线将猪肋肉块和猪肩肉块绑起来，防止炖煮过程中被煮散。将带骨猪肋肉平均分为两三份，以适应锅的大小。

2 将猪肉块放入深底锅中。

3 锅中加入对半切开且插入丁香的洋葱、纵向对半切开的胡萝卜和香草束，倒入清水没过食材，中火加热。过程中加入粗盐和黑胡椒碎。

4 待汤汁煮沸时撇去浮沫，转小火继续炖煮 2 小时左右。炖煮过程中仍需不时撇去浮沫。当水分减少且食材露出汤面时，需倒入清水。

5 炖肉的同时准备其他蔬菜。将芜菁和土豆去皮并泡入水中。

6 将韭葱洗净，用棉线固定。

7 将皱叶甘蓝切成 4 份，去心。

8 向步骤 4 的锅中加入除芜菁外的其他蔬菜和切成适当大小的莫尔托粗香肠，继续炖煮。

9 待上一步加入的食材煮至半熟时，放入芜菁，撒适量的盐和胡椒粉。芜菁煮熟即完成。整个过程中所需炖煮时间约为 3 小时。

装盘

将切成适当大小的所有食材盛入深口盘中，再将煮剩的汤汁过滤，倒入盘中即可。

圣梅内乌尔德烤猪蹄

Pieds de porc à la Sainte-Ménehould

将猪蹄用香味蔬菜和白葡萄酒炖煮几小时，然后裹上面包粉烤至香脆。

香脆的面衣同柔软的猪蹄肉形成鲜明对比，堪称极品。

法国大革命时期，路易十六曾逃亡至边境瓦伦纳，此料理便是其途经城市的著名料理。

材料（4人份）

猪蹄　4根
胡萝卜　1根
洋葱　1个
芹菜　1根
白葡萄酒　500毫升
水、百里香、月桂叶、粗盐、黑胡椒
粒　各适量

小麦粉　适量
鸡蛋　3个
色拉油　2汤匙
面包粉、化黄油、芥末粒　各适量

1　去除猪蹄上的污渍，放入热水中稍煮片刻，捞出后将猪蹄两两绑在一起。

2　将猪蹄和足量的水倒入圆筒形深底锅中，加入纵向对半切开的胡萝卜、洋葱、切成适当大小的芹菜、百里香、月桂叶、白葡萄酒、黑胡椒粒和粗盐，小火加热三四个小时。

3　捞出猪蹄，沥干水分，用保鲜膜将猪蹄包裹起来，浸入冰水中，待猪蹄的肉皮变紧绷时捞出，去掉保鲜膜。

4　将猪蹄表面裹满小麦粉、鸡蛋液和色拉油的混合物。表面均匀地撒上面包粉。

5　准备大量化开的黄油淋在猪蹄表面，然后将猪蹄放入180℃的烤箱中烤30分钟。烤制过程中若黄油不足，可适量再淋入黄油。

6　烤至猪蹄呈现诱人的颜色后取出，盛入容器。再将芥末粒盛入另一容器中，与猪蹄一同上桌。

基础底汤和清汤

小牛高汤

保存方法 在常温下完全冷却，盛入密闭的容器中并放入冰箱保存。夏季室温较高时，可隔冰水令其快速冷却，然后放入冰箱。

保存时间 冷藏保存1周，冷冻保存3个月。

材料（成品4升）

小牛骨 3 千克
胡萝卜 150 克
洋葱 150 克
韭葱（绿色的部分）1 根
蒜（带皮）1 头
芹菜 1 根
番茄 3 个
香草束（详见第 201 页）1 束
黑胡椒粒 10 克
水 约 5 升

购买小牛骨时让店家切割好，无须水洗即可使用。

将胡萝卜、番茄、洋葱切成大块，洋葱和芹菜纵向对半切开，并切成小段，用棉线固定，将蒜横向对半切开。

1 将小牛骨摆在烤盘中，放入 220~230℃的烤箱中。

2 烤制过程中需多次变换骨头的方向，烤出均匀漂亮的颜色，注意不要烤焦。

3 将烤好的骨头放入圆筒形深底锅中，接着放入胡萝卜、洋葱、韭葱、芹菜、蒜、香草束和黑胡椒粒，倒入清水，大火炖煮。

4 汤汁沸腾后撇去浮沫，加入番茄，转小火煮约 12 小时。

5 煮至食材的味道充分融入汤汁时，用滤网将汤汁和食材分离。

6 过滤时用木铲翻动食材，防止汤汁残留。

7 将汤汁倒入锅中，加热至沸腾，撇去浮沫即可。

鸡高汤

保存方法 在常温下完全冷却，盛入密闭的容器中并放入冰箱保存。夏季室温较高时，可隔冰水令其快速冷却，然后放入冰箱。

保存时间 冷藏保存5天，冷冻保存3个月。

材料（成品2升）

鸡架 1 千克
鸡翅 500 克
胡萝卜 100 克
洋葱 150 克
青葱 1 根
蒜（带皮）2 瓣
芹菜 1 根
丁香 1 个
水 约 3 升
香草束（详见第 201 页）1 束
白胡椒粒 2.5 克

除购买的鸡架外，也可加入料理时处理食材剩下的鸡架、鸡翅尖和鸡爪等。

将蔬菜切成大块。胡萝卜和洋葱纵向对半切开，丁香刺入洋葱中，将韭葱和芹菜切成小段，用棉线绑起固定，将蒜连皮拍碎。

1 去除鸡架内残留的内脏，用水洗去血污。

2 将鸡架和鸡翅切成大块。

3 将鸡架和鸡翅放入圆筒形深底锅中，倒入清水，中火加热。

4 待汤汁沸腾后撇去表面的浮沫和油脂，转小火继续炖煮。适当擦净锅内侧的边缘部分。

5 加入其他食材，煮60~90分钟。

6 炖煮过程中，仔细地撇去浮沫。

7 煮好后用滤网过滤汤汁。

8 将滤好的汤汁倒回锅中，再次煮沸，撇去表面的浮沫和油脂即可。

鱼高汤

保存方法 在常温下完全冷却，盛入密闭的容器中并放入冰箱保存。夏季室温较高时，可隔冰水令其快速冷却，然后再放入冰箱。

保存时间 冷藏保存3天，冷冻保存3个月。

材料（成品2升）

白肉鱼的鱼骨（舌鳎鱼、比目鱼、牙鳕鱼等）1千克
黄油 60 克
洋葱 160 克
红葱 40 克
韭葱白 120 克
蘑菇 40 克
香草束（详见第201页）1束
白或黑胡椒碎 5 克
水 约3升

白肉鱼的鱼骨除了鱼鳍和鱼鳃外，其他部位均可使用。牙鳕鱼为鳕科鱼类。

此汤的加热时间较短，故所有的蔬菜都需切成薄片。切蘑菇前，需仔细地摘除菇肉黑色的部分。

199

1 用清水清洗白肉鱼的鱼骨，去除血污。洗净后沥干水分，切成大块。

2 在圆筒形深底锅中加入黄油，加热后，倒入洋葱、红葱和韭葱白，小火翻炒，炒出蔬菜中的水分，但注意避免将其炒变色。

3 加入鱼骨和香草束，炒至食材的味道充分融合，同样不要炒变色。

4 倒水，待汤汁微微沸腾时加入蘑菇，小火煮 20~25 分钟。过程中需撇去浮沫。

5 关火，加入胡椒碎，静置 10 分钟使胡椒的香味融入汤中。

6 将两个滤网重叠，中间夹一张滤油纸（或无纺布）用来过滤汤汁。待滤油纸上油已满时，更换滤油纸，二次过滤完成后即可。

清汤

保存 短时间内即可制成，所以无须提前制好保存。

材料（成品2升）

胡萝卜 200 克
洋葱 200 克
芹菜 50 克
纵向对半切开的蒜 2 瓣
百里香 1 枝
月桂叶 1 片
白葡萄酒 400 毫升
水 约 2 升
粗盐、胡椒粒 各适量

1 将胡萝卜、洋葱和芹菜切成薄片。

2 将所有食材倒入圆筒形深底锅中，开火煮沸。

3 煮 30~40 分钟，保持汤汁微微沸腾，待充分煮出蔬菜的香味时关火。

4 过滤汤汁。

牛肉高汤

保存方法 在常温下完全冷却，盛入密闭的容器中并放入冰箱保存。夏季室温较高时，可隔冰水令其快速冷却，然后放入冰箱。

保存时间 冷藏保存1周，冷冻保存3个月。

其他使用方法 牛肉高汤除了可以调淡制成清炖肉汤外，还可以在清炖肉汤中加入明胶制成肉汤冻。另外，相比普通的调味汁，牛肉高汤的浓度更高，因此经常用来制作味道浓郁的酱汁。

材料（成品2升）

牛肩肉 500 克
牛尾 1/2 根
牛骨 500 克
牛前肋肉 500 克
胡萝卜 2 根
洋葱 1 个
芹菜 1 根
韭葱 1 根
蒜（带皮）1/2 头
香草束（详见第 201 页）1 束
丁香 1 个
水 4.5~5 升
粗盐、胡椒粒 各适量

① 将洋葱带皮横向对半切开，用煎锅煎至切面上色，然后插入丁香。蒜同样对半切开煎至上色。

② 将胡萝卜纵向对半切开，韭葱和芹菜纵向对半切开后，用棉线绑起固定。

③ 向圆筒形深底锅中倒入牛肩肉、牛尾、牛骨、牛前肋肉和水，煮沸后撇去表面的浮沫。加入所有香味蔬菜、香草束、粗盐和胡椒粒，再次煮沸并撇去浮沫。

④ 小火炖煮三四个小时，使汤汁保持微微沸腾，炖煮过程中仍需撇去浮沫。

⑤ 待汤不再混浊时，用滤网过滤。然后再次煮沸，撇去浮沫即可。

香草束

放入调味汁和底汤中都能为炖煮料理增加香味。

材料（1束的量）

韭葱叶 1 片
芹菜叶 少量
百里香 1 枝
月桂叶 1 片
欧芹茎 2 根

① 将韭葱叶切成长为 8~10 厘米的段。将其他食材切成能够被韭葱完全裹住的长度，然后用韭葱包裹起来。

② 用棉线将韭葱的一端绑起来，不用将线剪断，继续将韭葱的另一端绑起固定。

③ 将韭葱绑紧，以防止烹饪过程中散开。

④ 完成。

可根据料理的实际情况改变香草束中的食材搭配，如放入橘子皮等。

马得拉酱

→复活节鸡蛋馅饼（详见第58页）

材料

红葱 2 个
马得拉酒 200 毫升
小牛高汤（详见第198 页）300 毫升
黄油、盐、胡椒粉 各适量
*改变酒类型，如葡萄酒或科涅克酒等，能制出多种与料理相配的酱汁。

① 将红葱切碎，与马得拉酒一同倒入锅中。

② 开小火炖煮。

③ 水分煮干后，加入小牛高汤。

4 继续炖煮至具有一定浓度后，加入盐和胡椒粉调味。然后过滤汤汁。

2 将色拉油分次少量地加入其中，使其乳化。搅拌至酱汁颜色均匀且光滑即可。

2 煎锅中倒入色拉油，油热后放入小龙虾大火翻炒。

5 最后加入黄油增稠，一款富有光泽、口感顺滑的酱汁就完成了。

3 炒至虾壳呈鲜红色时捞出，沥去油分，放在平底容器中，用擀面杖压碎。然后将小龙虾倒回锅中再次翻炒。

南蒂阿酱

→里昂鱼丸配南蒂阿酱（详见第 138 页）

材料

小龙虾酱
　小龙虾 20 条
　色拉油 适量
　红葱 3 个
　洋葱 1 个
　芹菜 1/2 根
　香草束（详见第 201 页）1 束
　科涅克酒 2 汤匙
　番茄酱 2 汤匙
　鱼高汤（详见第 199 页）1 升

贝夏美调味酱
　黄油 40 克
　小麦粉 40 克
　牛奶 500 毫升
　盐、胡椒粉、肉豆蔻 各适量

盐、胡椒粉 黄油 各适量

4 将红葱、洋葱、芹菜切丁，与香草束一起放入小龙虾中翻炒均匀。倒入科涅克酒和用少量鱼高汤化开的番茄酱。

酸醋调味汁

→扁豆猪肉沙拉（详见第132页）

材料

红葡萄酒醋 15 毫升
色拉油 30 毫升
芥末 1 汤匙
盐、胡椒粉 各适量
* 醋和油的比例为 1：3。如需减少酸味可调整为 1：4，反之，如果增加酸味可调整为 1：2。可凭喜好选择食醋和油的种类，选择不同，制出的调味汁也多种多样。

1 将芥末、红葡萄酒醋、盐和胡椒粉一起倒入碗中，用打蛋器充分拌匀。

1 小龙虾虾尾有 5 片壳，剥下位于中间的一片，剔除虾肠。

5 倒入剩下的鱼高汤，煮沸。

6 仔细撇去浮沫，将锅内侧的边缘部分擦净，继续炖煮 20 分钟。

7 煮至汤汁浓稠时盛入有一定深度的容器中。用搅拌器搅拌汤汁，打碎小龙虾壳。

8 搅拌完成时汤汁的状态如图。

9 过滤。用长柄勺一点点挤压汤汁进行过滤。

10 锅中加入黄油和小麦粉仔细翻炒，然后加入牛奶制成贝夏美调味酱。加入盐、胡椒粉和肉豆蔻调味，最后将制好的调味酱一点点地倒入过滤后的小龙虾汤汁中混合。

11 小火加热，加入盐和胡椒粉调味。待汤汁具有一定浓度时，倒入搅拌机中，加入黄油拌匀。

12 再次过滤。

13 完成。

蒜泥蛋黄酱

→马赛鱼汤（详见第 174 页）

材料

去子干辣椒 1 根
蒜 2 头
盐、胡椒粉 各适量
小土豆 1 个
蛋黄 1 个
番红花 1 撮
马赛鱼汤（详见第 174 页）适量
橄榄油 50~80 毫升

1 将去子干辣椒稍稍煮软后捞出，和蒜一起仔细捣碎。

2 加入煮熟的小土豆，捣碎并与其他食材混合。

3 加入蛋黄，将所有食材捣匀。

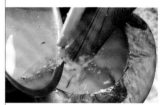

4 加入适量浸泡了番红花的马赛鱼汤，搅拌至酱汁顺滑。

5 分次少量加入橄榄油，使其乳化呈较硬的酱，加盐和胡椒粉调味。

6 完成。

鸡（布雷斯鸡）

→巴尔布耶炖公鸡＊（详见第64页）

→巴斯克仔鸡配烩饭＊（详见第84页）

→龙虾味布雷斯仔鸡（详见第142页）

＊除龙虾味布雷斯仔鸡外，其他料理均使用普通鸡，且鸡肉的处理方法都相同。

1 布雷斯鸡是经过法国 A.O.C 原产地质量认证的鸡。经严格的管理和饲养，味道鲜美且肉质紧实，左脚绑有生产者的识别用章。

2 市面上出售的布雷斯鸡均已去除了头和内脏。如表面仍有羽毛根部残留，可用喷枪灼烧，然后用干毛巾擦拭干净。

3 从关节处将鸡翅根、鸡翅尖和鸡爪切开。

4 将鸡颈切开，用刀切入 V 形锁骨（叉骨），剔除鸡锁骨。然后去除附着在鸡颈周围的皮和脂肪。

5 用刀从鸡胸上方切至鸡腿内侧，将两只鸡腿向外侧打开。

6 将鸡翻面，在背部中间位置划一刀。

7 沿着鸡身的骨头将一只鸡腿切下。去除位于鸡腿根部附近的部位和鸡屁股。用同样的方式切下另一只鸡腿。

8 鸡胸朝上，先向鸡胸骨的两侧下刀，沿着鸡身的骨头将鸡胸骨切落。用同样的方式切下另一边的鸡胸肉。

9 将鸡翅根部的骨头洗净，去除多余的鸡皮。用切面包专用刀切去鸡翅根部的骨头顶端，使其外表更加美观。然后用菜刀将鸡翅根的肉斜切成两份。

10 将刀插入鸡腿肉的关节处，将鸡腿肉的上半部和下半部切分开。取出鸡腿上半部分肉中的骨头。

11 稍稍抽出鸡腿下半部分肉（图右）中的骨头，鸡翅中（图左）内有两根较细的骨头，抽出后稍稍按压，使其形状更加丰满。

12 将鸡骨头和鸡架切成小块，用来制作酱汁。

野鸭

→野鸭肉馅饼（详见第62页）

1 野鸭又叫绿头鸭。购买时选择带有青绿色头的野鸭。

2 用刀从鸭翅根和鸭翅中之间的关节处将鸭翅切下，鸭掌也同样从关节处切落。

3 切开鸭颈上的皮，将鸭颈从根部切下。去除连接着鸭颈的野鸭头，剩下的鸭颈可用来制作肉汤。

4 切去鸭肛门附近带有皮脂腺的肉。切下鸭腿。鸭胸朝上，用刀划开鸭腿内侧，然后翻面，从背部开始将整只鸭腿切下。

5 将鸭颈根部切开，用刀切入 V 形锁骨（叉骨）四周，剔除鸭锁骨。

8 将鸭身上下调换方向，切下整只鸭翅。

9 切落连在鸭胸肉上的鸭翅根。

6 切下鸭胸肉。用刀沿着鸭胸骨的两侧切两刀。

7 将刀紧贴鸭胸骨，沿着鸭身的骨头从鸭颈切向鸭屁股，将鸭胸肉切下。用同样的方式切下另一边的鸭胸肉。

10 用剪刀剪开肋骨的侧面。

11 适当清理鸭身内部的内脏，并将内脏掏出。

12 处理完成。图中的内脏从左到右依次为肺、心和肝。图下方的肉,左为鸭腿肉,右为鸭胸肉。

仔鸭

→烤沙朗仔鸭配糖渍蔬菜(详见第 10 页)

绑扎用的针:用以缝制、固定家禽类食材时用的针。此针较粗(1~3 毫米),长度为 20~25 厘米。针上有穿线的孔,用以穿过棉线。

1 用喷枪烧灼仔鸭表面残留的羽毛根部,用干毛巾擦拭干净。

2 剥去鸭颈皮,露出鸭颈根部。

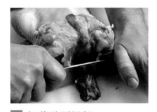

3 切落鸭颈根部。

4 切除仔鸭的食道和脖子四周的脂肪。

5 将仔鸭背部朝下,从鸭颈根部的切口处,沿锁骨(叉骨)切向两侧。

6 取出锁骨。仔鸭的锁骨较为纤细,取出时要注意防止折断。

7 完整地取出仔鸭腹中残留的内脏。撒入较多的盐和胡椒粉。

8 从翅根和翅中之间的关节处切下。

9 将仔鸭背部朝上,切去仔鸭屁股三角部分的两处皮脂腺(腺体)。皮脂腺呈白色的豆粒状。先用刀纵切入鸭屁股中。

10 看见皮脂腺后,用刀切入其四周,立起皮脂腺,连同皮脂腺上方的鸭皮一起切下。

11 打开鸭颈的皮,将皮折向仔鸭的背部。

12 将仔鸭胸朝上放置。持针从侧面刺入鸭腿。将针对准鸭腿的凹陷部位,穿过鸭腿。

13 将针从另外一条腿的关节处穿出,穿线,用线将鸭腿肉固定。留下较长的线头。

14 用针穿过鸭背和翅根上的皮，注意此时不要将线剪断。

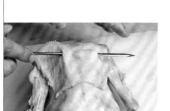

15 将鸭颈皮拉向鸭背，再用针将鸭颈皮和鸭背上的皮缝在一起。

16 将针穿过另一只鸭翅根上的皮。分离针和线，将线同步骤13中的线头绑在一起。

17 把鸭屁股上的肉塞入肛门中。

18 固定鸭屁股肉的同时，将针穿线后穿过鸭腿和鸭屁股。

19 将针从另一侧的鸭腿中穿出。

20 鸭胸朝上，用针穿过鸭胸肉前端的皮。

21 将鸭胸上的皮拉紧，再将两侧鸭腿旁的线紧紧地系在一起。

鸽子

→萨尔米浓汁炖鸽肉和卡布亚德鸽肉（详见第78页）

1 一只鸽子重约400克。用喷枪烧灼鸽子表面残留的羽毛，用干毛巾擦拭干净。

2 从翅根和翅中之间的关节处切下。鸽爪也从关节处切落。

3 切开鸽子颈部，剥下颈部的皮，从根部切开。

4 将手指插入鸽子的肛门，掏出鸽子体内的脂肪块和内脏。

5 将鸽子胸部朝上，用刀从腿根的内侧开始切起。

6 由鸽子腿根内侧切向背部，将整只鸽腿切下。如果事先在背部切一刀，就能将鸽腿切得更整齐。利用同样方法切下另一只鸽腿。

7 去除鸽腿根部到关节位置的骨头，并剥去多余的脂肪。

8 打开鸽颈部的皮，取出颈部附近的脂肪，并剔除锁骨（叉骨）。

9 切下鸽胸肉。先沿着鸽胸骨切向其两侧。

10 用刀紧贴鸽胸骨，沿着身体上的骨头切下鸽胸肉。利用同样的方法切下另一边的鸽胸肉。

11 用剪刀剪开鸽身上的肋骨，去除肋骨上的血块。

12 处理完成。左侧为鸽翅尖、锁骨和连接着翅根的鸽胸肉，最右侧为鸽腿肉，中间为剪开的肋骨。

珍珠鸡

→奶油烩珍珠鸡（详见第 18 页）

1 用喷枪烧灼珍珠鸡表面残留的羽毛根部，用毛巾擦拭干净后，切下鸡翅中和翅尖。

2 如珍珠鸡包含内脏，则需从尾部掏出内脏。去除鸡颈内侧的脂肪块和 V 形锁骨（叉骨）。

3 在鸡腿根部切一刀，用手打开鸡腿的关节，切下两侧的鸡腿。

4 从关节处切下鸡腿肉，将鸡胸肉斜切为两等份，去除多余的油脂。将带有骨头的肉清理干净，然后抽出骨头的顶端。

羊羔肋排

→香巴奴烤羊排（详见第 34 页）

1 先削去羊脊骨外侧的肉，将刀插入羊脊骨和肉之间的缝隙中，剥下少许骨头上的肉。

2 将刀插入羊脊骨和肋骨之间，向下将羊脊骨切落。

3 切下脊骨的状态。

④ 切下脊骨后，去除肉上的粗筋。

⑤ 将刀插入羊肋骨与覆盖在羊腹部的薄腹膜之间，剥落腹膜。

⑥ 一边拉紧腹膜，一边将其切落。羊羔的脂肪具有强烈的臭味，所以还应用刀仔细处理羊肉的脂肪。

⑦ 剥去覆盖在肉表面的脂肪层。

⑧ 去除羊肩部上的半月形软骨。

⑨ 在距离肋骨顶端三四厘米处划一刀。

⑩ 将肋骨翻面，同样在距离其顶端三四厘米处划开，去除骨头四周的肉。

⑪ 用刀尖剔除附着在骨头顶端上的肉和薄膜，并将骨头清理干净。

⑫ 完成。

牛蛙

→蛙腿肉配蒜香奶油和罗勒酱（详见第 110 页）
→威士莲葡萄酒风味蛙肉慕斯（详见第 120 页）

① 购买两腿连在脊骨上的蛙肉。

② 切落蛙的脊骨。

③ 从腿根位置切下蛙腿。

④ 切下蛙腿根部多余的骨头。

5 切去蛙足。

6a 在直接使用处理好的蛙肉制作奶油焖肉等料理时，可事先清理蛙腿骨周围的肉，整理其形状使其更加美观。

6b 制作慕斯等料理时，需将刀尖插入蛙腿的骨头与肉之间，稍稍转动，逐步将肉从骨头上剥离。蛙骨留下备用，可用于制作酱汁等料理。

兔

→红酒焖兔肉（详见第148页）

1 市面上购买的兔子通常是去皮、含头的。此处使用的是产自法国的人工饲养的兔子。

2 将兔子腹部朝下放在桌面上，用刀沿盆骨切向后腿根部。

3 用同样的方式切割另一只兔腿。

4 将兔子翻面，刀切入兔腿内侧，将后腿向外展开，卸掉兔腿的关节，将兔腿切下。

5 切去兔腿骨头的顶端，整理形状。

6 如制作料理时需要使用兔肾，则可切下肾备用。

7 同样，如果需要使用兔肝，则可切下肝备用。切取兔肝时注意防止划伤肝脏。

8 用刀切入上半身肋骨的末尾处与下半身的肚皮之间，切开后将其分为带头的上半身（肋骨）和下半身（脊背）两部分。

9 切去兔头。

10 切去上半身的前腿。

11 完整地去除肋骨中间残留着的肺和心脏。

12 从前向后数出 8 根上半身的肋骨。

13 用刀插入第 8 根和第 9 根肋骨之间，将二者分离，靠近兔头的部分可用于制作酱汁等料理。

14 用剪刀剪去兔胸上较细的肋骨。

15 将刀切入脊骨中间，将肋骨一分为二。

16 处理完成。从左上向右下依次为前腿、上半身的肋骨肉（肋骨）、下半身躯干上的肉（脊背）、后腿肉。内脏（从左上向右下）为心、肺、肝和肾。

17 可根据料理需要将兔背部的肉和兔腿肉切成适当大小。

小牛胸腺

→黄酒羊肚菌炖小牛胸腺（详见第 192 页）

1 将小牛胸腺放入水中浸泡一晚，去除肉中的血污。

2 将月桂叶、杜松子酒和百里香一同放入水中煮。

3 待汤汁沸腾时，放入小牛胸腺，煮三四分钟后捞出。后面会煎制小牛胸腺，所以这里只需稍稍加热即可。

4 捞出后立刻泡入冰水中散去余热。冷却小牛胸腺能快速地进行下一步操作，也更容易剥下肉上的脂肪和皮膜。

5 沥去水分，去除附着在小牛胸腺表面的皮膜、脂肪和筋。

6 用毛巾将小牛胸腺包裹起来，上方压一块较轻的石头，压出肉中的水分。可凭喜好将小牛胸腺切成薄片。

鹅肝

→蒙巴兹雅克风味鹅肝肉泥砖、梅干馅鹅肝肉泥砖（详见第 92 页）

1 每块鹅肝都由大小两瓣构成。此处使用的肥肝为鸭肝。每块鸭肝重为 600~700 克，而鹅肝的重量比鸭肝略高一些，为 800~1000 克。

舌鳎鱼

→诺曼底舌鳎鱼（详见第20页）

1 此处使用的鱼为具有一定厚度的黑褐色太平洋油鲽。

2 将鸭肝从冰箱中取出，静置在室温下使其变软，放至按压鸭肝时出现压痕即可。

2 用剪刀剪去鱼背到鱼尾两侧的鳍。

5 剥去鱼皮。先在鱼尾根部切一刀。

3 将鸭肝的两瓣分开。用削皮刀去除表面的皮膜。去除皮膜后的鸭肝表面较黏，可将烘焙纸铺在下面，再进行下一步操作。

3 去除鱼表面的胸鳍。

6 为防止剥皮时手滑，可使用厨房用纸一边压住鱼皮，一边小心剥下鱼皮。

4 用刀将两瓣鸭肝稍稍向左右两边打开，再用刀背将鸭肝向四周推，去除鸭肝中的血管。

7 鱼的内侧也一样，先在鱼尾根部切一刀，再一次性将鱼皮剥下。

4 剪去内侧（白色的一面）的胸鳍。刮去鱼鳞，从鱼鳃处掏出内脏，用水洗净，拭去表面的水分。

8 包括鱼头在内的所有鱼皮都剥下的状态。最后整理鱼的形状。

5 露出血管时，用手指和刀一起拉出血管，注意不要将血管扯断。如鸭肝没有恢复常温，则很容易扯断血管。利用同样的方式去除下层的另一根血管。

鳟鱼

→炖填馅鳟鱼配黄油甘蓝（详见第68页）

1 仔细去除鳟鱼表面滑腻的鱼鳞。用剪刀修剪尾巴的形状。

2 剪去鳟鱼的胸鳍、背鳍和尾鳍。

3 剪去两边的鱼鳃。用手指掏出被鳃覆盖的内脏，或将两根筷子伸进鱼嘴中，夹住内脏，一边拧转一边将内脏拉出。

4 用刀从鳟鱼背鳍所在的骨头上方切入。

5 沿着鱼背骨从鱼头切向鱼尾，切开鳟鱼一侧的身体。

6 切至鱼腹。

7 沿鱼背骨切开另一侧身体。

8 切好的鳟鱼背部张开，中间残留着背骨。

9 用剪刀剪开与鱼头相连的鱼背骨。

10 继续剪向鱼尾并剥去鳟鱼的背骨，剪的过程中注意不要剪破鱼腹。

11 用刀剔去鱼腹中的骨头。

12 去除残留的内脏。

13 鱼刺会破坏鱼肉的口感，需仔细剔除。

14 用冰水将鱼肉快速冷却，擦去表面的水分即可。

鲐鱼

→腌渍炸鲐鱼（详见第 178 页）

1 剪去鳍，去除头和内脏后将鲐鱼片成 3 片。在鱼尾、鱼腹和鱼背处划一刀。

2 用刀沿着鲐鱼的背骨从鱼头切向鱼尾，切去背骨。然后剪去鲐鱼的腹骨。

3 剔除鲐鱼腹骨处的薄膜等物，仔细擦去鱼肉中渗出的血。

4 使用去骨器拔去鱼肉中的小刺。即使是很小的鱼刺都有可能破坏鱼肉的口感，在拔除鱼刺的同时需用指尖碰触鱼肉确认鱼刺的位置。

5 将鲐鱼对半切开，切成片并摆入方形托盘中。

盐渍鳕鱼

→甜椒鳕鱼泥（详见第 86 页）
→奶油鳕鱼酪（详见第 184 页）

1 确认盐渍鳕鱼的鱼鳞是否除净，如果仍有残留，则需先除净鱼鳞，然后剥去鱼皮。

2 将鱼肉放入水中浸泡（可适当更换清水），去除盐分，然后去除鳕鱼的腹骨。法国产的盐渍鳕鱼需浸泡三日，日本产的则只需浸泡半日至一日。

3 将鳕鱼切块。注意鱼腹和鱼尾处不同的厚度，调整其大小，使煮熟的鱼肉体积相同。

龙虾

→美式龙虾酱（详见第 36 页）

1 这里使用的龙虾必须为活龙虾。先拧去龙虾头，使其与龙虾身分离。

2 手持龙虾头，拧下龙虾钳。

3 剔出龙虾头和龙虾腿壳中的肉。

4 去除龙虾头中白色的沙包。

5 用汤匙取出龙虾头中的卵巢。

6 用剪刀修整龙虾头壳的形状，煮过后作为装饰备用。

7 所有的操作都在方形托盘或大碗上进行，可收集龙虾的血液和碎肉。

海螯虾

→海鲜酥皮奶油汤（详见第26页）

1 图中全身呈粉色、外表与植物藜十分相像的生物叫做海螯虾。

2 用手拧去海螯虾的头部，与虾身分离。剥去虾身中靠近虾头一侧的一两节虾壳。

3 捋直虾身，可轻松剥离虾壳。

4 用手指捏住靠近虾尾部分的虾壳，一边捏一边向外拉，同时拔去虾壳和虾肠。

5 完成。

食材预处理
（蔬菜类）

洋蓟

→阿尔莫里克龙虾拌洋蓟沙拉（详见第 28 页）

→尼斯沙拉（详见第 156 页）

→烤蔬菜卷肉末配甜椒酱（详见第 158 页）

* 下文出现的洋蓟有两种，一种为布列塔尼地区特产的圆形卡穆洋蓟，另一种为南法特产的小个鸡蛋形的波瓦弗兰德洋蓟。两种洋蓟的处理方法相同。

1 用手折下洋蓟的茎。如果用刀容易残留花萼处的硬筋，所以用手更方便。

2 用刀削去位于洋蓟下方与茎相连的萼片。

3 削去洋蓟表面所有的萼片后，修整其下半部分的形状。

215

4 切去洋蓟上方残留的花萼。

5 洋蓟中间长有毛，用汤匙小心地去毛后，整理其边缘的形状。

6 在洋蓟表面涂满柠檬汁，防止洋蓟变色，然后泡入水中备用。

7 洋蓟的可食用部分较少。右侧完整的洋蓟在去除花萼只留下可食用的心后，就会变成左侧的大小。

8 波瓦弗兰德洋蓟的茎和花萼十分柔软，保留洋蓟茎，剥去花萼。

9 切成月牙形。

10 去毛。

11 将小麦粉（20克）、粗盐（1撮）、柠檬汁（1/2个柠檬的量）和水（500毫升）混合。该溶液能有效防止洋蓟变色，还能增白。

12 将洋蓟用溶液煮软。

圆形土豆片

→夏朗德风味炖蜗牛（详见第70页）

→佩里戈尔酱鸡胸配油煎土豆（详见第94页）

→脆皮油封鸭（详见第96页）

1 土豆去皮，切去两端，修整成木栓（木塞）形。

2 将土豆切成与木塞一样粗的圆筒形小块。

3 根据料理需要将土豆切成厚度适中的薄片。

4 将土豆片泡入水中，去除其中多余的淀粉。使用前沥干水分即可。

面坯

法式挞皮面坯

→马罗瓦勒韭葱奶酪饼（详见第46页）
→野鸭肉馅饼（详见第62页）
→洛林糕（详见第122页）

材料（1块洛林糕的量）

小麦粉 200 克
黄油 100 克
盐 5 克
鸡蛋 1 个
冷水 30 毫升
* 制作野鸭肉馅饼时，要将淀粉与小麦粉混合，白葡萄酒醋和水混合加入面坯中。

1 将筛过的小麦粉与盐混合堆成堆，再将中间挖空，加入事先冷却且切成小块的黄油，用刮铲搅拌。

2 将其揉搓混合呈沙粒状。

3 再次将面粉堆成堆，中间挖空，倒入打散的鸡蛋与冷水的混合物。

4 用刮铲快速拌匀。待面粉将鸡蛋和水中的水分吸收后，用手揉匀。

5 用手掌根部用力揉搓面坯至其颜色均匀。揉搓过度会产生面筋，需格外注意。

6 将面坯揉成一团，包裹一层保鲜膜后放入冰箱，冷藏30~60分钟。如图，将面坯揉成平坦的圆盘形，这样能使整个面坯均匀降温，方便后续步骤。

麦芽粉面坯

→砂锅炖烟肉羊肩肉（详见第166页）

材料（成品约500克）

低筋面粉 500 克
淀粉 50 克
砂糖 25 克
色拉油 50 克
水 200~225 毫升

1 将所有食材倒入搅拌碗中，用搅拌器搅拌。

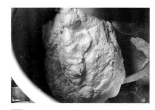

2 将其充分揉匀后取出。

3 揉搓并延展面团，搓成直径约3厘米的棒状。使用时无须发酵，直接贴在锅的边缘，即可使锅呈密闭状态。

千层酥面坯

→海鲜酥皮奶油汤（详见第26页）

→复活节鸡蛋馅饼（详见第58页）

材料（成品约500克）

小麦粉 250 克

盐 5 克

化黄油 25 克

水 120 毫升

黄油（折叠用）225 克

1 向筛过的小麦粉和盐中加入化黄油与水的混合物，揉成圆形面团。

2 在面团上方切出一个十字形刀口，防止其表面收缩。包裹保鲜膜，放入冰箱冷藏1小时。

3 将面团放在撒好面粉（材料外）的案板上，用擀面杖顺十字形刀口向四面擀开，擀成正方形。面团的中间不要过厚，擀至略微厚一点儿即可。

4 将黄油延展成正方形，调整黄油的大小，使其放在面坯中央时能够被包裹住。将黄油放在面坯中央，将面坯折叠，覆盖在黄油上，用擀面杖纵向将其擀成长方形。

5 将面坯由上至下折成三叠，叠好后旋转90度，再次擀成长方形。继续由上向下折成三叠，叠好后包裹一层保鲜膜，放入冰箱冷藏30~60分钟。

6 反复进行2次步骤5中的操作，完成后放入冰箱冷藏。这些操作应在制作料理的前一天完成，提前将面坯放置一天，能减少烤后面坯的收缩程度。

7 使用时从冰箱中取出面坯，用擀面杖擀成厚2毫米的面皮。包裹保鲜膜，放入冰箱冷藏约30分钟即可。

配菜

油封鸭腿肉

→脆皮油封鸭（详见第96页）

→图卢兹什锦锅菜（详见第102页）

→猪油鸭肉甘蓝浓汤（详见第104页）

材料（4人份）

鸭腿肉 8 根

鸭油 1.5 毫升

带皮蒜 4 瓣

百里香 1 枝

月桂叶 1 片

粗盐 12 克（1千克肉的量）

1 用粗盐揉搓鸭腿肉，放入百里香和月桂叶后盛入方形托盘，包裹一层保鲜膜，放入冰箱腌 12~24 小时。

2 用水洗去鸭腿肉表面的盐，切去多余的脂肪，然后沥干水分。

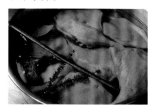

3 锅中倒入鸭油，将步骤1中的百里香、月桂叶、鸭腿肉和带皮蒜一起放入锅中，开火加热，使鸭油的温度保持在 80~90℃。加热3小时左右，直至鸭肉变软即可。

4 待刀可轻松刺入鸭肉中时关火。

5 捞出鸭腿肉，放入铺好铁架的方形托盘中，沥去油脂。

6 直接食用此鸭腿时，需放入200℃的烤箱（或煎锅）中，烤至鸭皮酥脆。

香煎培根

→巴尔布耶炖公鸡（详见第64页）

→红酒炖牛肉（详见第108页）

→红酒焖兔肉（详见第148页）

材料

培根 185 克

色拉油 少量

* 在制作红酒焖兔肉时，需准备 200 克培根，并向色拉油中加入适量黄油进行翻炒。

1 剥去熏制培根上茶色的硬皮。

2 根据料理的需要将培根切成大小适宜的条。

* 出现含盐量较高或脂肪过多的情况时，可放入水中稍煮片刻。

3 煎锅中倒入少量色拉油，油热后放入培根条煎出淡茶色。

4 捞出培根，沥去多余的油脂。

炸西太公鱼

→诺曼底舌鳎鱼（详见第20页）

材料

西太公鱼 8 条
小麦粉 30 克
蛋黄 1 个
色拉油 适量
面包粉 50 克
盐 适量

1 法国传统料理使用的是一种名为扁头鲶的小鱼，日本多用西太公鱼代替。

2 将西太公鱼依次裹满小麦粉和打散且加入盐与色拉油的蛋黄和面包粉。

3 抖落多余的面包粉后整理形状。

4 放入 180℃的油中炸至变色。

5 将炸好的西太公鱼放在厨房用纸上吸去油分，再撒少许盐即可。

装饰用小龙虾

→诺曼底舌鳎鱼（详见第20页）
→里昂鱼丸配南蒂阿酱（详见第138页）

材料

小龙虾 4 只

1 选取外形较好的小龙虾。

2 将小龙虾钳转向后背，再将钳尖部与最靠近尾部的一节身体连在一起，使其与虾背呈相反状态。

③ 为防止小龙虾的形状被破坏，要轻轻地将其放入热水中炖煮。

④ 煮至变色后捞出，放入冰水中冷却。

橙味糖渍萝卜

→烤沙朗仔鸭配糖渍蔬菜（详见第10页）

材料

萝卜 1 根
黄油 30 克
煮萝卜用的汤汁
　鸡高汤 300 毫升
　橙汁 2 个香橙的量
　砂糖 1 撮
　盐 适量

① 将萝卜切成厚五六厘米的片，然后纵切为 4 等份。

② 用刀由外向里削去萝卜的棱角，切成方旦糖形（一面平坦的形状）。

③ 修整萝卜的形状，使所有的萝卜大小相同，便于同时煮熟。

④ 将修整好的萝卜放入水中，防止变色。如需立刻制作料理，可略过此步骤。

⑤ 锅中涂抹黄油。

⑥ 放入萝卜。

⑦ 倒入所有汤汁食材至萝卜的一半。萝卜所含的水分较多，不要倒入过量汤汁。

⑧ 用烘焙纸做锅盖铺入锅中，开小火炖煮。

⑨ 煮至萝卜变软后取出烘焙纸，继续炖煮收汁，煮至汤汁渗入萝卜且萝卜表面富有光泽即可。最后加盐调味。

蜂蜜糖渍胡萝卜

→烤沙朗仔鸭配糖渍蔬菜（详见第10页）

材料

胡萝卜 3 根
黄油 30 克
煮胡萝卜用的汤汁
　蜂蜜 1.5 汤匙
　水、盐 各适量

1 将胡萝卜切成长五六厘米的小段,根据其大小纵切为2~4等份。

2 将胡萝卜切成城堡形。糖渍的操作与橙味糖渍萝卜相同。

*此处使用的糖渍食材为蜂蜜,如用细砂糖代替,其分量与操作步骤均与蜂蜜相同。

糖渍小洋葱

→巴尔布耶炖公鸡(详见第64页)
→红酒炖牛肉(详见第108页)
→红酒焖兔肉(详见第148页)

材料

小洋葱 18~24 个
黄油 1.5 汤匙
细砂糖 1 撮
水、盐 各适量

1 将所有食材放入锅中。

*如使用的洋葱较大,可放入水中稍煮片刻,能有效防止料理过程中洋葱形状被破坏。

2 将中间戳几个孔的烘焙纸盖在汤面上,开小火炖煮。

3 待小洋葱煮熟后,揭开烘焙纸,煮干水分。如需白色的糖渍小洋葱,操作至此步骤即可。

4 如需使用焦糖色的糖渍小洋葱,则需继续加热,使其外表呈焦糖色。除制作用红葡萄酒炖煮的料理外,其他料理如果无须着色,可省略此步骤。

焦糖苹果

→奶油烩珍珠鸡(详见第18页)
→白肠配苹果和土豆泥(详见第50页)

材料

苹果 200 克
黄油 50 克
细砂糖 30 克

1 将苹果去皮,纵切为6~8等份。去除苹果核,削去其棱角并切成城堡形。

2 煎锅中倒入细砂糖,开小火使细砂糖完全化开,呈略焦黄的糖稀色即可。

3 倒入苹果块和黄油,中火加热。晃动煎锅,使苹果均匀地裹满焦糖。

*在制作奶油烩珍珠鸡时,为使料理的味道更佳,可在炖煮肉时加入适量切剩的苹果碎。

土豆泥

→白肠配苹果和土豆泥(详见第50页)
→黄酒羊肚菌炖小牛胸腺(详见第192页)

材料

土豆 500 克
黄油 60 克
牛奶 120 毫升
盐、胡椒粉、肉豆蔻 各适量

*白肠配苹果和土豆泥中的土豆泥是以50克黄油(有盐)制作的,可凭喜好加入肉豆蔻。

1 将土豆放入锅中，倒入清水并撒适量粗盐（材料外）炖煮。

2 另起一锅，倒入牛奶，煮至牛奶沸腾但不外溢即可。

3 待土豆煮软后，趁热去皮，用打蛋器将其捣碎。撒少许盐后，一点点倒入牛奶。

4 一边搅拌一边倒入牛奶，搅拌至牛奶顺滑，且能留下搅拌的痕迹时停止。

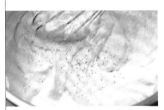

5 趁热加入黄油并搅拌均匀。撒盐和胡椒粉调味，再加入磨碎的肉豆蔻即可。

如需获得更加顺滑的口感，可在步骤3中用研磨器将土豆研磨成泥（可用于制作黄酒羊肚菌风味炖小牛胸腺中的土豆泥）。

城堡形土豆块

→佛兰德烧牛肉（详见第42页）

材料

土豆 800 克
岩盐 适量

1 将土豆去皮，由上向下切为城堡形。

2 泡入水中，洗去多余的淀粉。

3 锅中倒入清水，加入土豆和岩盐小火慢慢炖煮。如料理需花费较长时间，可使用颗粒较大的岩盐。煮至铁扦可轻松插入土豆中即可。

砂锅形土豆块

→奶油焖鸭胸配砂锅土豆牛肝菌和红酒酱（详见第76页）

材料

土豆 800 克
鹅油 适量
黄油 20 克
盐、胡椒粉 各适量

1 由上向下切割土豆，使切好的土豆长度相同。

2 将土豆切成长砂锅的形状。

③ 放入盐水中煮出其中多余的淀粉。待水沸腾后，将土豆迅速捞出。

④ 锅中倒入充足的鹅油，加入土豆块，用小火慢慢煎。加入盐和黄油。

⑤ 将土豆连锅一起放入 180℃ 的烤箱中，不时翻动土豆，烤至表面呈黄褐色后取出沥去油分。

煎土豆片

→脆皮熏肠土豆片配芥末酱（详见第130页）

材料

土豆 300 克
托姆鲜奶酪 25 克
切碎的蒜 1 瓣
切碎的欧芹 1 汤匙
鲜奶油、鹅油、盐 各适量

① 将土豆切成木栓形后，再切成厚度四五毫米的薄片。

② 煎锅中倒入鹅油，油热后倒入土豆片中火翻炒。

③ 当土豆呈半透明状态时撒盐，继续翻炒，上色后捞出并沥干油分。

④ 煎锅中倒入鹅油，加入蒜碎和切碎的托姆鲜奶酪。

⑤ 将土豆片倒回锅中，待食材的味道充分融合后，倒出多余的油脂。

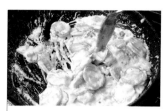

⑥ 最后加入鲜奶油即可。可凭喜好加入欧芹碎。

焖紫甘蓝

→佛兰德烧牛肉（详见第42页）

材料

紫甘蓝 300 克
苹果* 1 个
洋葱 1/2 个
黄油 适量
红葡萄酒 300 毫升
红糖 2 汤匙
盐、胡椒粉 适量
*苹果应选取不易被煮碎的品种。

① 紫甘蓝去心。

② 将紫甘蓝切成粗丝，用水快速洗净，这样可以防止紫甘蓝中的色素流失。

3 锅中放入黄油，中火加热至黄油化开，加入切成片的洋葱和切成小块的苹果翻炒，最后加入红糖。

4 倒入紫甘蓝丝，撒少许盐和胡椒粉后盖上锅盖。焖出紫甘蓝中的水分后倒入红葡萄酒，再次盖上锅盖，焖30分钟左右。

5 焖至紫甘蓝变软且红葡萄酒的水分被煮干即可。

黄油甘蓝丝

→炖填馅鳟鱼配黄油甘蓝（详见第68页）

材料

皱叶甘蓝 1棵
黄油 100克
盐、胡椒粉 各适量

1 剥去皱叶甘蓝外侧较硬的叶子，平均切成4份。去心和较粗的筋。

2 将甘蓝切丝，并用水洗净。

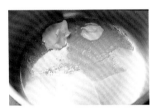

3 锅中放入黄油，小火慢慢加热至化开，注意防止变色。

4 沥去甘蓝丝的水分，倒入锅中，撒盐并盖上锅盖。

5 保持小火焖20~30分钟，将甘蓝丝焖软。焖好后的甘蓝丝如图，最后再撒盐和胡椒粉调味即可。

香煎蘑菇

→巴尔布耶炖公鸡（详见第64页）
→红酒炖牛肉（详见第108页）
→红酒焖兔肉（详见第148页）

材料

蘑菇 500克
黄油 2汤匙
切碎的红葱 3汤匙
切碎的欧芹 2汤匙
盐、胡椒粉 各适量
*制作红酒焖兔肉时，香煎培根（详见第218页）剩下的油可炒200克蘑菇。

1 蘑菇表面如有伤痕或污渍，需剥去蘑菇的表皮，然后切成月牙状。

2 煎锅中放黄油，倒入蘑菇后开大火快速翻炒，撒少许盐和胡椒粉。可凭喜好加入红葱碎和欧芹碎。

波尔多牛肝菌

→奶油焖鸭胸配砂锅土豆牛肝菌和红酒酱（详见第 76 页）

材料

牛肝菌 600 克
油（鸭油、色拉油或黄油）适量
切碎的红葱 3 个
切碎的蒜 2 瓣
切碎的欧芹 2 汤匙
盐、胡椒粉 各适量

1 去除牛肝菌菌柄中较硬的部分。

2 用刷子将牛肝菌清洗干净。

3 沥干牛肝菌中的水分，切开菌伞和菌柄，切成适口大小。

4 煎锅中倒油，中火热油后倒入牛肝菌，大火翻炒至黄褐色即可。

5 撒少许盐和胡椒粉，加入切碎的红葱、蒜和欧芹，炒匀后盛出，沥去多余的油脂即可。

装饰用蘑菇

→诺曼底舌鳎鱼（详见第 20 页）
→炖填馅鳟鱼配黄油甘蓝（详见第 68 页）
→威士莲葡萄酒风味蛙肉慕斯（详见第 120 页）

材料

蘑菇 适量
柠檬汁 适量

1 单手拿着蘑菇，另一只手捏着小刀，在蘑菇上由中心向四周切出放射状波纹。

2 在蘑菇表面涂满柠檬汁，防止蘑菇变色。在用蘑菇制作料理之前，可将其放入加了柠檬汁的清水中保存。

3 从用水炖煮蘑菇、关火到装盘期间，都需将其放在煮汁中。

炖芸豆

→煸鲈鱼配炖芸豆（详见第 12 页）

材料

白芸豆（旺代产）200 克
胡萝卜 1 根
洋葱 1 个
红葱 1 个
蒜 1 瓣
香草束（详见第 201 页）1 束
鱼高汤（详见第 199 页）适量
橄榄油 2 汤匙
黄油 20 克
盐、胡椒粉、意大利香芹 各适量

1 将白芸豆放入水中浸泡一晚。

2 将浸泡过的白芸豆与切成适当大小的胡萝卜、洋葱、红葱、蒜和香草束一起倒入锅中，然后倒入鱼高汤没过食材。

3 加热，使汤汁保持微微沸腾，炖煮过程中需不时搅拌。煮至白芸豆半熟时，加入盐和胡椒粉。

4 待白芸豆煮软后，捞出沥干水分。

5 将白芸豆倒回锅中，加入橄榄油、黄油、盐和胡椒粉搅拌均匀。再次用小火加热。

6 煮至汤汁全无，加入切碎的意大利香芹即可。

根菜类蔬菜

→甘蓝包肉（详见第 128 页）

材料

胡萝卜 1 根
芜菁 4 个
土豆 600 克
水、砂糖、黄油、盐、胡椒粉 各适量

1 削去土豆、胡萝卜、芜菁的皮，切成适合料理的大小和形状。不需要立刻使用时可将其泡入水中。

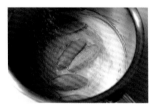

2 将胡萝卜和芜菁分别放入涂了黄油的锅中。

3 倒入清水至食材高度的一半，加盐、胡椒粉、1 撮砂糖和少许黄油。

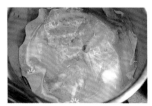

4 在烘焙纸上戳几个气孔，盖在汤面上，小火加热汤汁。

5 待小刀可轻松刺入食材时，取下烘焙纸，炖煮剩下的汤汁，使其裹在蔬菜上，令蔬菜更富光泽。

* 煮土豆时之前，需向足量的水中加 1 撮粗盐（材料外），再放入土豆煮。当小刀可轻松刺入土豆时，加热完成。参照城堡形土豆块。

烹调术语

A

abaisser **擀** 将面坯等食材擀开。

appareil **搅拌** 将多种食材混合在一起。

arroser **淋油** 为防止食材变干，在煎肉的过程中向肉浇淋汤汁或油，使肉更加鲜嫩多汁。

assaisonner **调味** 撒盐和胡椒粉，或用其他香辛料增香。

B

blanchir **过水** 将食材烫煮好。

braiser **焖** 倒入液体，浸至食材的一半，然后盖上锅盖焖制。

brider **捆** 加热时为防止食材的形状崩坏，用棉线将家禽及其他肉类绑起来，调整形状。

brunoise **切丁** 将食材切成边长为四五毫米的小块。也可根据具体情况调整大小。

C

caraméliser **焦糖化** 原指将白砂糖煮化，裹在食材上的一种料理方法。在料理中则是指炖煮汤汁，使汤汁中的糖分裹在食材上。

châtrer **去虾线** 去除龙虾背上的虾线。

chemiser **上模** 在模具或容器内侧铺一层薄膜，再向其中放入馅料。

chiqueter **雕刻** 用小刀或面包剪在成形的面坯上刻出线条。

ciseler **切碎** 在制作料理前，用刀尽可能将食材切细，然后再切碎，防止食材中的水分和香味流失。这种切法多用于红葱和纤细的香草类食材。

concasser **切碎或捣碎** 将固体食材粗略地切碎或捣碎。

confire **加热** 将食材放入低温的油脂或橄榄油中慢慢加热。

cuire à l'anglaise **盐煮** 用盐水炖煮蔬菜。

D

décanter **沥** 从炖煮食材的锅中捞出肉，将其与汤汁分开。

décortiquer **去壳** 将甲壳类及贝类食材的肉从壳中取出。

déglacer **刮锅** 加入液体炖煮，使附着在锅底的肉和蔬菜的精华融入汤中。

dégraisser **去油** 撇去油脂。

dénerver **去筋** 去除肉中的筋。或去除鹅肝中的血管和筋。

désosser **去骨** 从肉中剔除骨头。

E

ébarber **去鳍** 切落鱼鳍。或去除贻贝肉中的黑线。

écailler **去鳞** 去除鱼鳞。

écraser **拍** 拍碎，压碎。

écumer **撇沫** 撇去浮在液体表面的浮沫。

émincer **切片** 切成薄片。

émonder **烫皮** 将蔬菜和水果用开水烫过后剥皮。

éplucher **去皮** 剥去食材的皮。

escaloper **卧刀片** 用菜刀斜切入食材，将食材切成薄片。

étuver **焖** 用从食材中煮出的水分或向料理中加入的少量清水，焖制料理。

F

faicir **填馅** 在家禽、鱼肉内填入其他食材的馅料。

flamber **火烧** 用酒精点火，使酒精成分挥发。也指用火烧去家禽身上残留的毛根。

frire **油炸** 在热油内放入食材炸制。

fumer **熏** 熏制食材。

G

garniture **装饰** 对料理进行装点。

grainer **拌** 用叉子等工具将制好的杂烩饭拌开。

gratiner **焗烤** 在料理表面烤出一层焦黄且芳香的皮。

H

hacher **切末** 切成细末。将食材切碎后，以左右掌压着刀背，像跷跷板一样压动菜刀，将食材压得更细。

I

inciser **划刀** 在食材表面切出刀口。

infuser **浸泡出味道** 将香草或香辛料放入液体中，使香味渗入液体。

J

julienne **切条** 切成宽一两厘米，长五六厘米的细条。

L

larder **穿油** 将动物背上的脂肪插入脂肪较少的肉中。

lier **增稠** 制成酱汁后，将黄油、蛋黄和鲜奶油等食材加入其中，令酱汁的口感更加绵密。

luter **密封** 为防止长时间炖煮料理时食材的水分和香味流失，将锅和容器四周的缝密封起来。一般多用小麦粉和水的混合物或熬炼的蛋白密封容器。

M

manchonner **刮净骨头** 削去骨头顶端四周的肉，使骨头露出来。

mariner **腌泡** 用带有香味的蔬菜腌泡肉或鱼。

médaillon **切圆块** 将鱼、肉和龙虾切成圆形或椭圆形的小块。

mirepoix **调味** 用洋葱、胡萝卜、猪油等烹制的酱汁调味

monter **打发** 将蛋白或鲜奶油打发。或将黄油分次少量地加入至液体中，令其更加浓稠且更富有光泽。

N

nacré **制成珍珠状** 煎制鱼的切面，使其更加多汁且具有珍珠一般的光泽。这是料理完成后的鱼肉最理想的状态。

napper **浇汁** 向肉或鱼等整道料理上浇淋酱汁。

P

paner **裹面衣** 将食材依次裹满小麦粉、鸡蛋和面包粉，制成面衣。

passer **过滤** 用滤网过滤酱汁。

paysanne **蔬菜切片** 无须削整胡萝卜或土豆的四周，将其纵向切成数等份后再切成薄片，呈小银杏叶形。也指将甘蓝等食材切成薄方块。

piquer **戳孔** 为防止烤制中的面坯的底部向上方膨胀，用叉子或滚针在面坯上戳孔。也指将丁香刺入洋葱的动作。

pocher **烫煮** 将食材放入微微沸腾的液体中慢慢炖煮。

poêler **煎、炒、烩、油焖** 用煎锅加热食材。

R

réduire **收汁** 炖煮汤汁或液体，蒸发水分，让味道浓缩。

rondelle **切小圆片** 切成圆且扁的形状。

rôtir **烘烤** 先将食材的表面烤凝固（主要指肉，再将其放入烤箱或直接用火慢慢烤。

rouelle **切薄圆片** 切成薄圆片。如将洋葱切成圆片后，再将其散开后形成的环状洋葱。

S

saisir **煎炸** 将油脂倒入热锅中，加入食材（主要为肉），将其表面煎凝固。

sauter **颠锅** 一边摇动煎锅，一边翻炒食材。

singer **勾芡** 为使酱汁黏稠，向食材中撒小麦粉。

suer **略煮** 慢慢煮出食材的水分，但不要变色。

T

tourner **削整** 将蔬菜削成合适的形状。

tremper **浸泡** 将食材浸入液体中。也指将芸豆或干燥的菌类泡入水中。

食材索引

特产索引

*♥为奶酪，🍸为酒。

料理名称对照

■主要参考文献及网站

《完全了解法国地方料理》中村盛宏著 柴田书店

《主厨系列 6：镰田昭男的法国地方料理》镰田昭男著 中央公论社

《美食之旅：法国的乡土料理》并木麻辉子著 小学馆

《法国美食辞典》日法料理协会编 白水社

《法国地方家常菜》大森由纪子著 柴田书店

《葡萄酒基础手册》Winart 编辑部编 美术出版社

《拉鲁斯法国料理小词典》翻译主编：日高达郎 技术主编：小野正吉 柴田书店

法国旅游发展署官方网站 http://jp.franceguide.com/

法国美味之旅指南 http://www.h6.dion.ne.jp/~france/index1.htm

■照片提供

ATOUT FRANCE（法国旅游发展署）

P8
[左] ©ATOUT FRANCE/Jean François Tripelon-Jarry
[中 · 右] ©ATOUT FRANCE/R-Cast
P9
[左 · 中] ©ATOUT FRANCE/R-Cast
[右] ©ATOUT FRANCE/Michel Angot

P16
[左] ©ATOUT FRANCE/Hervé Le Gac
[中] ©ATOUT FRANCE/ Pascal Gréboval
[右] ©ATOUT FRANCE/CRT Normandie/J-C Demais
P17
[左 · 右] ©ATOUT FRANCE/CDT Calvados/CDT Calvados
[中] ©ATOUT FRANCE/R-Cast

P24
[左] ©ATOUT FRANCE/Fabian Charaffi
[中] ©ATOUT FRANCE/Hervé Le Gac
[右] ©ATOUT FRANCE/Daniel Gallon – Dangal
P25
[右 · 中] ©ATOUT FRANCE/Michel Angot
[右] ©ATOUT FRANCE/Pierre Torset

P32
[左] ©ATOUT FRANCE/Jean François Tripelon-Jarry
[中] ©ATOUT FRANCE/Hervé Le Gac
[右] ©ATOUT FRANCE/Eric Larrayadieu
P33
[左] ©ATOUT FRANCE/Eric Larrayadieu
[中] ©ATOUT FRANCE/R-Cast
[右] ©ATOUT FRANCE/Michel Angot

P40
[左 · 中] ©ATOUT FRANCE/CRT Picardie/Sam Bellet
[右] ©ATOUT FRANCE/Eric Larrayadieu
P41
[左] ©ATOUT FRANCE/CRT Picardie/Didier Raux
[中 · 右] ©ATOUT FRANCE/R-Cast

P48
[左] ©ATOUT FRANCE/Daniel Philippe
[中] ©ATOUT FRANCE/CRT Centre - Val de Loire/P. Duriez/Château de Chambord; Copyright Léonard de Serres
[右] ©ATOUT FRANCE/CRT Centre-Val de Loire/C. Lazi
P49
[左] ©ATOUT FRANCE/Daniel Gallon-Dangal
[中] ©ATOUT FRANCE/R-Cast
[右] ©ATOUT FRANCE/Michel Angot

P56
[左] ©ATOUT FRANCE/CRT Centre-Val de Loire/P. Duriez
[右] ©ATOUT FRANCE/R-Cast
P57
[左 · 右] ©ATOUT FRANCE/R-Cast
[中] ©ATOUT FRANCE/CRT Centre-Val de Loire/P. Duriez

P66
[左 · 中] ©ATOUT FRANCE/Daniel Gallon–Dangal
[右] ©ATOUT FRANCE/R-Cast
P67
[左] ©ATOUT FRANCE/R-Cast
[右] ©ATOUT FRANCE/Catherine Bibollet

P74
[左 · 右] ©ATOUT FRANCE/Jean François Tripelon-Jarry
P75
[左] ©ATOUT FRANCE/R-Cast/Architecte Leyburn
[中] ©ATOUT FRANCE/R-Cast
[右] ©ATOUT FRANCE/Jean François Tripelon-Jarry

P82
[左 · 中] ©ATOUT FRANCE/Pascal Gréboval
[右] ©ATOUT FRANCE/R-Cast
P83
[全部] ©Yu Maruta

P90
[左] ©ATOUT FRANCE/Jean Malburet
[右] ©ATOUT FRANCE/J. Voisin
P91
[全部] ©ATOUT FRANCE/R-Cast

P98
[左] ©ATOUT FRANCE/Jean Malburet
[中] ©ATOUT FRANCE/Jean François Tripelon-Jarry
[右] ©ATOUT FRANCE/Eric Bascoul
P99
[全部] ©ATOUT FRANCE/R-Cast

P106、107
[全部] ©ATOUT FRANCE/CRT Bourgogne/Alain Doire

P116
[左] ©ATOUT FRANCE/Jean François Tripelon-Jarry
[中] ©ATOUT FRANCE/Danièle Taulin-Hommel
[右] ©ATOUT FRANCE/R-Cast
P117
[全部] ©ATOUT FRANCE/Michel Laurent/CRT Lorraine

P126
[左] ©ATOUT FRANCE/Pierre Desheraud
[中 · 右] ©ATOUT FRANCE/R-Cast
P127
[全部] ©ATOUT FRANCE/R-Cast

P136
[左] ©ATOUT FRANCE/Hélène Moulonguet
[中] ©ATOUT FRANCE/Fabian Charaffi
[右] ©ATOUT FRANCE/Jean François Tripelon-Jarry
P137
[左] ©ATOUT FRANCE/Jean François Tripelon-Jarry
[右] ©ATOUT FRANCE/R-Cast

P146
[左] ©ATOUT FRANCE/Fabrice Milochau
[中 · 右] ©ATOUT FRANCE/R-Cast
P147
[左] ©ATOUT FRANCE/R-Cast
[右] ©ATOUT FRANCE/Jean François Tripelon-Jarry

P154
[左] ©ATOUT FRANCE/Michel Angot
[中 · 右] ©ATOUT FRANCE/R-Cast
P155
[左 · 中] ©ATOUT FRANCE/Jean François Tripelon-Jarry
[右] ©ATOUT FRANCE/Emmanuel Valentin

P164
[左] ©ATOUT FRANCE/Jean Malburet
[中 · 右] ©ATOUT FRANCE/Fabrice Milochau
P165
[左] ©ATOUT FRANCE/R-Cast
[中] ©ATOUT FRANCE/Jean Malburet
[右] ©ATOUT FRANCE/Fabrice Milochau

P172
[左 · 中] ©ATOUT FRANCE/Michel Angot
[右] ©ATOUT FRANCE/R-Cast
P173
[左 · 中] ©ATOUT FRANCE/R-Cast
[右] ©ATOUT FRANCE/Michel Angot

P182
[左] ©ATOUT FRANCE/R-Cast
[右] ©ATOUT FRANCE/Franck Charel
P183
[左 · 中] ©ATOUT FRANCE/R-Cast
[右] ©ATOUT FRANCE/R-Cast/Architecte Ricardo Boffill

P190
[左] ©ATOUT FRANCE/CRT Champagne-Ardenne/Oxley
[中] ©ATOUT FRANCE/CRT Champagne-Ardenne/Manquillet
[右] ©ATOUT FRANCE/CRT Franche-Comté/M. Sergent
P191
[左 · 中] ©ATOUT FRANCE/CRT Franche-Comté/H. Hugue
[右] ©ATOUT FRANCE/R-Cast

■协助

Staub
电话：0120-75-7155
http://www.staub.jp/
MARUMITSU 陶器合资公司
SOBOKAI、studio m'
电话 :0561-82-8066
http://www.marumitsu.jp/
Le Creuset Japon 股份公司
电话 :03-3585-0198（客户服务）
http://www.lecreuset.co.jp/

图书在版编目（CIP）数据

法国蓝带经典法餐烹饪宝典 / 法国蓝带厨艺学院编；
李汝敏译. —北京：中国轻工业出版社，2019.3
ISBN 978-7-5184-2353-8

Ⅰ. ①法 … Ⅱ . ①法… ②李… Ⅲ . ①西式菜肴 – 烹饪
– 法国 Ⅳ . ① TS972.118

中国版本图书馆 CIP 数据核字（2019）第 010805 号

责任编辑：高惠京　胡　佳　　责任终审：张乃東　　整体设计：锋尚设计
策划编辑：龙志丹　　　　　　责任校对：吴大鹏　　责任监印：张京华

出版发行：中国轻工业出版社（北京东长安街6号，邮编：100740）
印　　刷：北京博海升彩色印刷有限公司
经　　销：各地新华书店
版　　次：2019年3月第1版第1次印刷
开　　本：787×1092　1/16　印张：15
字　　数：300千字
书　　号：ISBN 978-7-5184-2353-8　定价：128.00元
邮购电话：010-65241695
发行电话：010-85119835　传真：85113293
网　　址：http://www.chlip.com.cn
Email：club@chlip.com.cn
如发现图书残缺请与我社邮购联系调换
171590S1X101ZYW